TEORÍA DE LAS MARAVILLAS

MARAVILLAS

Evolución, cerebro
y la naturaleza radical
de la ciencia

Gonzalo Munévar
Lawrence Technological University

 Bridging Languages and Scholarship

Serie en Filosofía de la Ciencia
VERNON PRESS

En America:
Vernon Press
1000 N West Street, Suite 1200,
Wilmington, Delaware 19801
United States

En el resto del mundo:
Vernon Press
C/Sancti Espiritu 17,
Malaga, 29006
Spain

 Bridging Languages and Scholarship

Serie en Filosofía de la Ciencia

LCCN: 2024937260

ISBN: 978-1-64889-820-4

Diseño de cubierta: Vernon Press, usando elementos diseñados por starline / Freepik.

En memoria de Paul K. Feyerabend y en homenaje a la conmemoracion del Centenario de su Nacimiento, el 13 de Enero de 2024.

"La Teoría de las Maravillas" es un libro maravilloso. El profesor Munévar, visionario filósofo de la ciencia, cuestiona el empirismo lógico, el falsacionismo (racionalismo crítico), el realismo científico, la epistemología de Bohr, y la filosofía de la ciencia de Kuhn, Feyerabend y Lakatos. Por eso explora de forma creativa el relativismo evolutivo: una filosofía de la ciencia nueva y "dinamica" basada en la biología evolutiva y la neurociencia y enfocada a los organismos vivos. En cambio, las filosofías tradicionales y "estáticas" de la ciencia se basan casi por completo en la física orientada a los objetos inanimados. Este autor ofrece una teoría de la verdad relativa con un fundamento biológico, y sostiene así que la verdad es relativa a un marco de referencia, y que el éxito explica la verdad, y no al revés. Su concepción de la ciencia es creativa y germinal: "La Ciencia como Parte de la Naturaleza", y "La Ciencia del Conocimiento Radical". En definitiva, esta obra, que invita a la reflexión, abre un nuevo campo en la filosofía de la ciencia. Para desarrollar y completar este nuevo campo, son muy necesarias nuevas aportaciones de filósofos y científicos.

Yuanlin Guo
Profesor de Filosofía
Center for Science, Technology and Society
Tianjin University, China

El libro de Gonzalo Munévar "Teoría de las Maravillas" ofrece un recorrido detallado y bien organizado a través de las controversias que animan la filosofía de la ciencia del siglo XX entre quienes buscan una lógica de la ciencia que capte su método y quienes, como Thomas Kuhn y Paul Feyerabend, se toman en serio la historia de la práctica científica. Munévar hace que esta historia cobre vida para los científicos y los profanos intelectuales, y no sólo para los filósofos académicos profesionales. Es un relato sofisticado y muy atractivo tanto a nivel personal como profesional. Presenta una investigación innovadora de una alternativa para el siglo XXI en la que una perspectiva naturalista de la evolución biológica y la neurociencia cognitiva puede dar forma a nuestro modo de entender la investigación científica. Sus perspicaces argumentos y su formación académica reflejan una amplia comprensión interdisciplinar de la ciencia y su historia.

Matiza su animada discusión con una gran variedad de ejemplos y observaciones científicas que demuestran un dominio magistral de la bibliografía y un acertado análisis y criticismo—a tour de force. Munévar mantiene que la ciencia es una extensión de nuestro sentido de lo maravilloso, pero sostiene que la naturaleza de la ciencia descrita por gran parte de la filosofía académica de la ciencia del siglo XX, en realidad, desconcertó a los científicos en activo y mitigó su curiosidad.

En su lugar, ofrece una visión nueva y optimista del campo en la que la ciencia se considera parte de la naturaleza, y la naturaleza de la ciencia sólo puede comprenderse adecuadamente si se tienen en cuenta los conocimientos de la propia ciencia (en particular, la biología evolutiva y la neurociencia cognitiva) Se trata de una gran ardua tarea, pero Munévar realiza un admirable comienzo al respecto.

El libro debería ser especialmente valioso sobre todo para una audiencia internacional a la que le interesa la obra de Paul Feyerabend ahora que nos acercamos al centenario de su nacimiento. Feyerabend fue el mentor y amigo de Munévar, quien modeló su visión de la ciencia y le encaminó por la senda que le ha llevado hasta él.

David W. Paulsen
Profesor emérito
The Evergreen State College, EE.UU.

El manuscrito del Sr. Munévar aborda, lo que puede ser considerado como la cuestión principal que se plantea sobre la ciencia desde una reflexión filosófica, es decir, cuál es la naturaleza de la ciencia. La filosofía de la ciencia como disciplina independiente, se originó en torno a esta cuestión y a otras más específicas que se derivan de la misma a finales del siglo XIX y que se desarrollaron, de forma más metódica, a lo largo del siglo pasado y de las dos últimas décadas.

Comprender en qué consiste el progreso científico y explicar su éxito son dos cuestiones específicas y fundamentales sobre la naturaleza de la ciencia. Las respuestas más dominantes a estas dos preguntas han sido, respectivamente, que el progreso científico reside en la aplicación del método científico y que el éxito de la ciencia se debe a que descubre la verdad sobre el mundo, es decir, logra un conocimiento verdadero de cómo es éste, independientemente de nuestro nivel de conocimientos y de nuestras capacidades cognitivas.

El manuscrito se enfoca en estos dos problemas, el del progreso (método científico) y el del éxito (realismo científico), abordándolos desde las respuestas dadas en la primera mitad del siglo XX hasta las propuestas más actuales, para finalmente exponer y argumentar las soluciones personales dadas a los mismos por Munévar. Lo hace de forma magistral, exponiendo con precisión y claridad cada uno de los principales puntos de vista y cómo se superan entre sí: el inductivismo presente en los positivistas o empiristas lógicos, la falseabilidad en sus diversas variantes (radical, Popper y Lakatos), y el giro historicista favorecido principalmente por Kuhn y Feyerabend. En cuanto a las soluciones originales que propone Munévar, éstas se basan en los hallazgos de la escuela historicista (por lo que Munévar admite la deuda intelectual que tiene con Feyerabend), pero va más allá al enriquecer esta perspectiva histórica con la perspectiva científica, que considera la biología evolutiva y la neurociencia en el contexto de la evolución. Munévar llama "relativismo evolutivo" a la solución que propone, al punto de vista que él elabora, porque la ciencia, vista desde la historia y la biología evolutiva, no puede entenderse como un proceso acumulativo o progresivo en el que se consolida una forma de pensar o un punto de vista, sino como un proceso en el que la ciencia experimenta cambios drásticos y en el que se pueden dar diferentes concepciones del mundo, que pueden ser igualmente correctas, y aun así es posible hablar de progreso en la ciencia.

La obra de Munévar, aunque en principio está dirigida a quienes se especializan en la filosofía de la ciencia, dado el problema general que se aborda y la forma en que la expone, también puede ser de gran utilidad para los filósofos en general, preocupados por los problemas centrales de la epistemología. Incluso por la propia centralidad de los problemas filosóficos tratados en la obra, considero que ésta podría ser una buena herramienta en cursos universitarios, especializados e introductorios de filosofía, y mejor aún en los de filosofía de la ciencia.

Creo que el principal impacto que podría tener la obra, radica en la idea original que expone para, entender la naturaleza de la ciencia, el relativismo evolutivo. Aunque se trata de una tesis controvertida, como reconoce el propio autor, la exposición y la justificación que hace son claras y precisas, apoyadas en argumentos de la historia de la ciencia y de la biología evolutiva, incluyendo elementos de la neurociencia. Además, me parece que la obra podría ser acogida tanto por especializados en el tema como por un público más amplio y erudito, por la forma en que está escrita; partiendo del contexto histórico del problema hasta su estado actual. Aunque sea una obra técnica, a la claridad y precisión de su lenguaje se añaden ilustraciones muy adecuadas al tema, lo que permite a los no expertos seguir la línea argumental.

Germán Guerrero Pino
Profesor, Departamento de Filosofía
Universidad del Valle, Colombia

Gonzalo Munévar es un filósofo de la ciencia reconocido internacionalmente y uno de los investigadores más prestigiosos de la obra de Paul Feyerabend, un filósofo de la ciencia célebre por fomentar un profundo sentido de la maravilla frente a nuestra exuberante realidad. Está magníficamente ubicado para ofrecer una poderosa reflexión sobre la naturaleza de lo asombroso (de las maravillas), un concepto y una experiencia complejos que, en mi opinión, desempeñan un profundo papel en la vida humana. Munévar sostiene que las ciencias, bien entendidas, pueden enriquecer nuestro sentido del asombro (de las maravillas), un tema arraigado no sólo en su trabajo sobre Feyerabend sino en sus recientes investigaciones sobre neurociencia y exploración espacial. Quizá más que otras ciencias, éstas son aptas para evocar el sentido de lo maravilloso. Munévar es sin duda único en su capacidad de reflexión filosófica tanto sobre la conciencia humana como sobre el cosmos.

Dr. Ian Kidd
Profesor, Departamento de Filosofía
Universidad de Nottingham, Reino Unido

CONTENIDO

LISTA DE FIGURAS

RECONOCIMIENTOS

A lo largo de varias décadas, muchas personas han contribuido a ayudarme a desarrollar las ideas presentadas en este libro. Ya en la escuela de posgrado, mantuve conversaciones enriquecedoras con Paul Feyerabend y Carl Hempel. Fue Hempel, de quien fui profesor auxiliar, quien me inspiró para algunas de las figuras del capítulo 2 contra la inducción. De hecho, debo un gran agradecimiento a los muchos artistas que han contribuido con dibujos al manuscrito. Empezando por miembros anónimos del personal de la oficina de investigación de la Universidad de Nebraska en Omaha; continuando, muchos años después, con Nicole Ankeny, de la Universidad Tecnológica Lawrence; con Leonardo Falaschini, de Cambridge, y finalmente con mi antigua alumna Ruoyu Huang. Luego están todos los estudiantes que comentaron las versiones anteriores del manuscrito. Alumnos de seminarios de posgrado de la Universidad de Washington en Seattle y de la Universidad de California en Irvine, así como estudiantes universitarios de cursos superiores de varias escuelas, como la Universidad de Nebraska en Omaha, Evergreen y la Universidad Tecnológica Lawrence. Sus numerosas preguntas me han aportado pautas de gran utilidad. En cuanto a la redacción del borrador final del libro, estoy muy agradecido por su ayuda informática a mi colega, el Dr. Matthew Cole, y a mi antiguo alumno Phillip McMurray, que ha ido mucho más allá de su deber al mejorar el aspecto del manuscrito formateando el texto y las imágenes del libro. Por último, también deseo mencionar las numerosas mejoras debidas a la corrección de pruebas y a los comentarios alentadores de mi esposa, la Dra. Susan Greenshields. Pido disculpas a todos aquellos a los que no se haya hecho mención aquí debido a los fallos de mi memoria.

PREFACIO

Hace aproximadamente un año, di un paseo por el hermoso campus de la Universidad de California en Berkeley. Inevitablemente, mis pasos me llevaron al bien cuidado césped junto al Campanile, a la verde hierba donde hace mucho tiempo me senté con otros estudiantes, trimestre tras trimestre, en el seminario de posgrado de Paul K. Feyerabend. Eran los primeros años setenta, cuando Feyerabend estaba redactando lentamente el manuscrito de su obra cumbre, Contra el método, la culminación de la revolución en la filosofía de la ciencia que él y Thomas Kuhn habían iniciado en 1962.

De pie allí, en el mismo lugar donde solíamos sentarnos a su alrededor hace más de cuarenta años, casi podía sentir de nuevo su presencia, la fuerza de su incomparable personalidad. Comienzo este libro con estas observaciones tan personales, porque este libro es la culminación de un viaje personal muy largo, independientemente de lo intelectual que también haya podido ser. Y tanto en el aspecto personal como en el intelectual del viaje, Feyerabend ejerció una gran influencia, no haciendo que me convirtiera en su "seguidor"— a él le habría parecido un pensamiento repulsivo— sino desafiando mis ideas al tiempo que me animaba a desarrollar mis propios pensamientos.

Feyerabend nació en Viena en 1924. Durante la Segunda Guerra Mundial, tres balas rusas le dejaron tullido para el resto de su vida (él se llamaba a sí mismo tullido y se burlaba de eufemismos como "minusválido"). Tras la guerra, se recuperó lo suficiente como para estudiar física y astronomía en la Universidad de Viena. En aquella época, Viena seguía siendo una ciudad de genios. Feyerabend tenía una gran voz, lo suficientemente buena como para cantar en la Ópera de Viena, y en una ocasión Bertolt Brecht le pidió que fuera su ayudante. Feyerabend también conoció a Konrad Lorenz, que también le pidió que fuera su ayudante. Aunque era obvio que tenía muchos talentos, acabó escribiendo su tesis doctoral en filosofía, bajo la dirección de Victor Kraft. Tras conocer a Ludwig Wittgenstein, Feyerabend se las arregló para trabajar con él en Cambridge, pero la muerte de Wittgenstein le obligó a acabar como ayudante de Karl Popper en su lugar. Todas esas figuras vienesas influyeron significativamente en el joven Feyerabend y, a la larga, esa influencia desempeñó un papel importante en la revolución intelectual que forjó con Kuhn en los años sesenta y setenta.

Le conocí en Berkeley a principios de 1973, durante el segundo año de mis estudios de doctorado. Me presenté en su seminario, pensando que me limitaría a sentarme en él— siendo prudente por si acaso tenían razón los muchos estudiantes que temían su espíritu crítico. "¿Cuál será el tema de su presentación?" me preguntó nada más sentarse. "Sólo estoy de oyente", le contesté. "Si quiere quedarse tendrá que hacer una presentación", me insistió. "Pero todas mis ideas son estrafalarias", le dije. "Pues lo normal", respondió, sacando su agenda. "¿Cuándo va a hacer la presentación?"

Durante mi presentación, semanas más tarde, experimenté en mis propias carnes lo desconcertantes que podían llegar a ser sus críticas; algo que le habría deseado a mi peor enemigo, o a mí mismo si realmente hubiera creído que la crítica era la principal fuente de progreso. Feyerabend lo cuestionaba todo; argumentaba en contra e incluso se burlaba de lo que parecían afirmaciones obvias. En una conversación con él ninguna idea podía darse por sentada. Ese día fui tan crítico con sus comentarios como él con los míos, pero abandoné el aula temiendo haber hecho el ridículo. Sin embargo, después se mostró muy amable y me invitó a comer en el Golden Bear, un restaurante al aire libre del campus. Aquella sería la primera de muchas comidas, no sólo en el Golden Bear, sino en muchos otros restaurantes de la bahía de San Francisco y de Europa; comidas en las que sus perspicaces comentarios saltaban de la filosofía y la ciencia a la música, o el arte, o el teatro, y de nuevo a la filosofía; la primera de muchas discusiones en las que hablábamos de mujeres y nos burlábamos el uno del otro.

Feyerabend era tan hipnotizador en la conversación como durante sus conferencias. En aquellos tiempos era difícil notar su muleta metálica o los constantes dolores y la maltrecha salud que tuvo que sobrellevar durante su vida adulta. Antes de alcanzar un gran renombre, o notoriedad, que le proporcionó *Contra el Método*, ya era un gigante intelectual. De pie en la hierba junto al Campanile, hace un año, recordé vívidamente su rostro animado, su risa contagiosa y esa mente extraordinariamente aguda que deleitaba a sus alumnos, a sus colegas, a sus amigos: una mente digna de la mayor admiración.

Alguien escribió en la famosa revista *Nature* que Feyerabend era el peor enemigo de la ciencia. Pero, por el contrario, lo que Feyerabend hizo fue demostrar lo compleja y humana que puede y debe ser la ciencia. De sus muchas aportaciones, quizá la más importante sea que no existe ningún método o regla que pueda captar la naturaleza de la ciencia. Incluso la idea más excelente sobre la práctica de la ciencia debe permitir excepciones. Y cuando examinamos la historia de la ciencia, descubrimos no sólo que los grandes científicos violaron el llamado "método empírico", en todas sus principales encarnaciones, sino que tuvieron que violarlo, pues de lo contrario no se habrían producido los grandes logros por los que hoy los conocemos.

Algunos intelectuales, en particular los filósofos analíticos del mundo anglosajón, consideraban que Feyerabend estaba loco o, en el mejor de los casos, que era el bufón de la corte en filosofía de la ciencia. Pero muchas personas de todo el mundo que han leído sus obras, publicadas en muchos idiomas, han tenido muy buena opinión de ellas. A lo largo de los años, tuve estudiantes de doctorado y posdoctorados de Europa, China y África que vinieron a trabajar conmigo sobre Feyerabend. Me sentí honrado de poder guiarles. No es que me abstuviera de criticarle; seguramente no menos que cuando solía sentarme frente a él en la mesa de un restaurante, o en el césped de Berkeley, con el Campanile asomando a sus espaldas.

Aunque mi principal punto de vista filosófico, el relativismo evolutivo, que trataré en este libro, pueda ir mucho más allá de la obra de Feyerabend, él se alegró de que yo siguiera mi propio camino. *La Teoría de las Maravillas* es un libro más de una larga serie de libros que he publicado. Puede que sea el último. Al compartirlo con ustedes, deseo honrar a alguien que me mostró el camino no menos por su ejemplo que por su escritura y su enseñanza.

Es justo que dedique este prefacio a Paul K. Feyerabend. Después de todo, él escribió el prólogo de mi primer libro, *Conocimiento radical*.

PRÓLOGO

David Lamb

La Teoría de las Maravillas es un homenaje al legendario Paul Feyerabend, del que el autor fue alumno. Esboza la filosofía de la ciencia tal y como aparecía antes de Feyerabend y avanza hasta la bien desarrollada teoría del relativismo evolutivo del autor, perfilada por primera vez en su innovador libro, *Conocimiento Radical,* en 1981, donde argumentaba que, puesto que tanto la percepción como el conocimiento científico dependían del cerebro, y puesto que la evolución podía crear diferentes tipos de cerebros (o equivalentes del sistema nervioso central), la noción de captar la verdad desnuda del mundo, por así decirlo, era insostenible. A este libro le siguió *La Evolución y la Verdad Desnuda* en 1998, una colección de ensayos que elaboraban sus ideas originales. Entre esas ideas originales estaba la sugerencia de que el relativismo evolutivo de Munévar puede verse como solapado con el principio de proliferación de Feyerabend. Visto desde una perspectiva inspirada en la evolución, el planteamiento de Munévar conduce a una concepción social de la racionalidad científica. Estas ideas se desarrollan aquí en estrecha conexión con una perspicaz exposición de la revolución en la filosofía de la ciencia provocada por Kuhn y Feyerabend, con especial énfasis en Feyerabend.

La Teoría de las Maravillas también está marcada por la gran cantidad de trabajos que Munévar ha publicado, y ayudado a publicar, sobre la filosofía de su mentor y director de tesis doctoral en Berkeley, Paul Feyerabend. Ha editado colecciones de ensayos muy reputadas sobre Feyerabend, como *Beyond Reason* (Kluwer, 1991) y *The Worst Enemy of Science?* (Oxford, 2000, coeditado con John Preston y David Lamb).

Munévar cumple dos tareas en esta contribución a la historia y la filosofía de la ciencia. La primera es una crítica de la filosofía de la ciencia del siglo XX, esbozando sus éxitos y deficiencias; y la segunda es el desarrollo de la propia teoría del relativismo evolutivo del autor. En los primeros capítulos, Munévar critica el llamado método científico o punto de vista recibido, en el que se dice que las observaciones apoyan las teorías y son en cierto modo ajenas a ellas. Según la doctrina recibida, el método científico consiste en que la observación emita un juicio sobre la teoría, ya sea apoyándola o rechazándola. Prácticamente todos los libros de texto de introducción a la ciencia dedican una buena parte de su primer capítulo a subrayar la importancia del método científico y a atribuir el mérito a su inventor, Galileo. Pero aunque se dice que el fundador del método científico fue Galileo, un examen de su ciencia revela que su enfoque en realidad iba en contra de las afirmaciones relativas a la distinción entre observación y teoría.

Dos aspectos del relato empirista estándar del método científico, el inductivismo y el falsacionismo asociados con Sir Karl Popper, se tratan en los primeros capítulos. Al rechazar ambos aspectos del relato empirista estándar de la relación entre observaciones y teoría, tanto Kuhn como Feyerabend llamaron la atención sobre la historia real de la ciencia en lugar de apelar al método científico. Publicaron sus primeras versiones de un enfoque histórico de la comprensión de la ciencia en 1962, encendiendo así una revolución en la filosofía de la ciencia. No obstante, existían importantes diferencias en sus respectivos puntos de vista. Según Kuhn, los conceptos básicos y las prácticas de una comunidad científica se sitúan dentro de paradigmas, que se mantienen hasta que las anomalías se acumulan y fuerzan una revolución científica o un cambio de paradigma. Con este fin, Kuhn defendió el dogmatismo en su principio de tenacidad, sosteniendo que un paradigma se sostiene dogmáticamente, mientras, mantenga la promesa de que demostrará ser la mejor forma de concebir el mundo, hasta que sea superado por una crisis provocada por anomalías. Por el contrario, Feyerabend sostenía que, en lugar de aferrarnos dogmáticamente a un paradigma, deberíamos crear más crisis y, por tanto, un cambio más fructífero, en los propios términos de Kuhn, proporcionando un mecanismo para reforzar las anomalías. Para lograr este objetivo, la ciencia debe estructurarse de forma que exija la generación continua de alternativas. Esto es lo que Feyerabend denominó el principio de proliferación.

De considerable interés, y bien tratada aquí, es la teoría de Imre Lakatos de los programas de investigación contrapuestos, que implicaba el objetivo de Lakatos de hacer que las ideas de Kuhn y Feyerabend confluyeran en un modelo racional. El modelo de programa de investigación de Lakatos pretende combinar la adhesión de Popper a la validez empírica con el aprecio de Kuhn por la coherencia convencional. En esencia, su idea es que la mezcla adecuada de los principios de tenacidad y proliferación conduce al crecimiento de la ciencia y retrataría la historia de la ciencia como racional. El programa de investigacion científica de teorías rivales de Lakatos se trata aquí con bastante profundidad, y Munévar argumenta que la metodología de los programas de investigación no es capaz de superar las objeciones de Feyerabend porque cuando observamos la práctica real de la ciencia, vemos que para progresar los científicos a veces han tenido que violar las reglas metodológicas más preciadas, reglas tan básicas como "no avanzar hipótesis que entren en conflicto con los hechos." Es lo que tuvieron que hacer Copérnico, Galileo, Newton, Einstein y muchos otros, incluso cuando predicaban lo contrario, como en el caso de Newton. Lo que está en juego no es la simpleza de que las personas de gran perspicacia puedan tomar atajos, sino que la metodología de la ciencia defendida por muchos filósofos puede ser incompatible con el éxito científico.

Según Feyerabend, cuando los científicos consideran puntos de vista alternativos, pueden cambiar los supuestos teóricos y, como resultado, cambiar también lo que cuenta como prueba. Esto se elaboró en *Contra el método* y en la mayor parte de la obra posterior de Feyerabend. Sin embargo, Munévar lleva las ideas de Feyerabend mucho más lejos al examinar la ciencia a través de la neurociencia en el contexto de la biología evolutiva. Además de los logros de la escuela histórica de Feyerabend y Kuhn, Munévar añade una importante perspectiva científica, argumentando que la ciencia es producida por criaturas biológicas, por lo que, en consecuencia, se aplica la biología para investigar la naturaleza de la ciencia: primero la biología evolutiva y después la neurociencia en el contexto de la evolución.

Según Munévar, el relativismo evolutivo sostiene que la visión del mundo de un organismo depende de su mente, que la mente depende de la biología, que la biología apoya una forma lógicamente impecable de relativismo y que el éxito explica la verdad, no al revés. Este enfoque es coherente con la historia de la ciencia y con la ciencia más relevante para comprender la búsqueda del conocimiento.

El alcance y la profundidad de los conocimientos hacen difícil pensar en intentos comparables. La originalidad de los hallazgos de Munévar y su erudición en los diversos campos filosóficos y científicos que aporta, hacen que dichos hallazgos sean muy significativos. Esa trascendencia, además, es probable que tenga un gran impacto, ya que *La Teoría de las Maravillas* está escrita en un lenguaje claro y accesible no sólo a los filósofos a nivel profesional, sino también a los estudiantes y a aquellos miembros del público en general que sientan curiosidad por la naturaleza del conocimiento científico. También debería resultar muy atractivo para las numerosas personas cuyo interés por Feyerabend está aumentando enormemente a medida que nos acercamos a las celebraciones de su centenario a principios de 2024.

CAPÍTULO 1

INTRODUCCIÓN

Damos nuestros primeros pasos y el mundo que nos rodea asalta nuestros sentidos con emoción y enciende nuestra imaginación con un halo de misterio. A medida que crecemos, un universo enigmático se burla de nuestra curiosidad y a menudo nos contagia de por vida con un abrumador sentido del asombro. En nuestra civilización ese sentido del maravillamiento ha evocado una respuesta sistemática: la ciencia. Esta ciencia nuestra estudia lo que nos intriga de la naturaleza y, al tejer sus cuentos maravillosos, se convierte ella misma en un objeto de estudio de lo más fascinante. La ciencia se convierte así en sí misma en una fuente de maravillas.

El propósito de este libro es determinar la mejor forma en que la ciencia puede seguir satisfaciendo nuestro sentido de la fascinación explorando el mundo. Ahora bien, es de suponer que, es de sobra conocido, que la razón por la que la ciencia tiene éxito es porque sigue el método científico, que consiste en que la observación emita un juicio sobre la teoría, ya sea apoyándola o rechazándola. Prácticamente todos los libros de texto de introducción a la ciencia dedican una buena parte de su primer capítulo a subrayar la importancia del método científico y a dar crédito a su inventor, Galileo. Esta visión de cómo funciona, y debería funcionar, el conocimiento científico se denomina "empirismo" (por la prioridad que concede a la experiencia). Si por casualidad los estudiantes que fueron educados de esta manera en la ciencia llegaran a leer lo que Galileo escribió e hizo en realidad, se quedarían estupefactos al descubrir que, por el contrario, clava una daga en el corazón del empirismo: Derrumba la distinción entre teoría y observación.

Ahora bien, la descripción más famosa del método científico como razonamiento inductivo la dio Newton en su clásico *Principia Mathematica*, en la sección titulada "Reglas para el razonamiento en filosofía". Hoy se llamaría "Reglas para el razonamiento en ciencia", pero en aquella época la ciencia aún formaba parte de la filosofía. En el capítulo 2 analizaremos las ideas básicas y las dificultades de la inducción como método de la ciencia. Y prestaremos especial atención a las reglas inductivas de Newton en el capítulo 3. Newton hablaba de subirse a hombros de gigantes, pensando especialmente en Galileo. Pero si Galileo no hubiera violado las reglas de Newton, la Revolución Copernicana, que sacó a la Tierra del centro del universo y la puso en movimiento, habría fracasado, y lo más probable es que *Principia Mathematica* nunca se hubiera escrito.

En el capítulo 3, consideraremos la propuesta de que la falsificación es el método de la ciencia, es decir, que los científicos deben contrastar sus teorías con los hechos, y si esas teorías entran en conflicto con los hechos, entonces deben ser rechazadas. Hay varios problemas con esta sugerencia aparentemente sensata. El peor es que, si Galileo tenía razón y la teoría y la observación no son distintas por naturaleza, no hay ninguna razón para suponer que la experiencia (a través de la observación) deba prevalecer siempre sobre la teoría. De hecho, como veremos, el progreso de la ciencia puede exigir que los científicos sigan el ejemplo de Galileo, de vez en cuando, y sustituyan el conjunto de hechos aceptados por otro radicalmente distinto. La ciencia sería así una forma de conocimiento radical.

En el capítulo 4, consideraremos una versión más sofisticada del falsacionismo atribuida a Karl Popper, el único filósofo de la ciencia del siglo XX que contó con la aprobación general de la comunidad científica. A lo largo de gran parte de la historia, los filósofos más destacados—ej., Platón, Aristóteles, Descartes, Kant—hicieron comentarios perspicaces sobre la naturaleza de la ciencia y ejercieron una influencia considerable en los rumbos que tomaba la ciencia. Podríamos decir que fueron los filósofos de la ciencia de su época. En los círculos académicos actuales, o al menos en los departamentos de filosofía, se supone que al igual que la ciencia construye teorías sobre el universo, la filosofía de la ciencia construye teorías sobre la ciencia. Así pues, debería parecer sorprendente que la filosofía de la ciencia, hoy en día, sea mucho más oscura para el lector profano astuto que la naturaleza de los agujeros negros, a la vez que despierta mucha menos curiosidad. Puede parecer aún más sorprendente que a los científicos formados no les vaya mejor a este respecto. ¿Qué puede explicar esta situación?

Parte del problema es simplemente que, a la mayoría de los científicos, les han desconcertado las preocupaciones lingüísticas y "lógicas" de los filósofos analíticos que dominaron la filosofía de la ciencia durante gran parte del siglo XX, así como su impenetrable jerga. Pero aparte de ser ininteligible, el positivismo lógico, el principal punto de vista analítico, equivalía a un callejón sin salida como filosofía de la ciencia. Afortunadamente, fue desafiado por pensadores formados en la ciencia que prestaron gran atención a la historia y la práctica de la ciencia. Fueron personas como Thomas Kuhn y Paul Feyerabend, por consiguiente, quienes dirigieron nuestra atención hacia los puntos de vista reales de Galileo, y quienes arrojaron dudas muy serias sobre todos los puntos de vista más conocidos sobre el método. Podríamos llamarlos a ellos, y a otros con planteamientos similares, la escuela histórica. En unas observaciones muy reveladoras, Carl Hempel, uno de los filósofos analíticos de la ciencia más importantes, señaló acertadamente que la escuela histórica de pensamiento, "rechaza la idea de principios metodológicos a los que se llega mediante un análisis puramente filosófico" (1978, 292).

Sin embargo, la escuela lógica insiste en tales principios, ya que es heredera de una tradición que sostiene que el trabajo de la filosofía es determinar los fundamentos del conocimiento empírico. En este sentido, la filosofía es intelectualmente anterior a la ciencia (le dice a la ciencia por dónde puede pisar). Así pues, las consideraciones procedentes de la práctica real de la ciencia parecerían tener poca relevancia. A los ojos de la escuela lógica de pensamiento, según prosigue Hempel, "la metodología de la ciencia... se ocupa únicamente de ciertos aspectos lógicos y sistemáticos de la ciencia que constituyen la base de su solidez y racionalidad— abstrayéndose de, y de hecho excluyendo, las facetas psicológicas e históricas de la ciencia como empresa social"" (1978, 291).

No es de extrañar que los científicos tiendan a encontrar esta Filosofia del sillón sobre la ciencia bastante presuntuosa, pero el principal problema es que los "aspectos lógicos" implicados requieren tanto la "lógica" inductiva como la deductiva de los filósofos analíticos. En el capítulo 2 conoceremos el estrepitoso fracaso de la llamada "lógica inductiva". Y en el capítulo 6 veremos que la "lógica deductiva" de la filosofía analítica, se basa en un razonamiento muy incorrecto y no se aplica ni a la ciencia ni a lo que a la mayoría de los seres humanos les gustaría llamar "vida real."

Pero antes de adelantarme demasiado, debo mencionar que en el capítulo 5 discutiremos las ideas de Kuhn sobre los "paradigmas" científicos, su diferenciación entre ciencia revolucionaria y ciencia normal y su tesis sobre la inconmensurabilidad en el significado de los términos científicos (el hecho de que los significados de los mismos términos puedan ser diferentes en dos paradigmas). También conoceremos la versión de Feyerabend sobre dicha tesis. Asimismo, sugeriré también que la cuestión de la inconmensurabilidad no tiene por qué referirse en absoluto a los significados.

En el capítulo 6, pasaremos a Feyerabend, el hombre llamado "irracionalista" por un gran número de filósofos y otras personas que han malinterpretado sus principales obras. Se le ha acusado, por ejemplo, de afirmar que en ciencia "todo vale". Lo que sí dijo es que, al enfrentarse a la práctica real y a la historia de la ciencia, un "racionalista" (el filósofo corriente) concluirá horrorizado que en ciencia "todo vale". Pero Feyerabend no está de acuerdo con tal afirmación, y mucho menos la recomienda. Mucho más aconsejable, sin embargo, es su Principio de Proliferación, como puntualizaré. Además, presentaré mi argumento de que la "lógica" de los filósofos es irrelevante para la ciencia en aspectos cruciales.

En el capítulo 7 echaremos un vistazo al muy inteligente intento de Imre Lakatos de incorporar varias de las ideas principales de Kuhn y Feyerabend en un sistema de "programas de investigación" competidores o rivales que, esperaba, pintarían la historia de la ciencia como racional. Sin embargo, a pesar de toda su astucia, la metodología de los programas de investigación de Lakatos no logra superar las objeciones de Feyerabend.

Ahora bien, lo que demuestra la escuela histórica es que el llamado método científico *no* siempre funciona. No es que no *podamos* demostrar que funciona, aunque lo hace. Sino que *no* siempre funciona. Estos filósofos mantienen que nos hemos dejado engañar por una ficción histórica. Cuando observamos la práctica real de la ciencia, vemos que para poder avanzar, los científicos a veces han tenido que violar las reglas metodológicas más preciadas— reglas tan básicas como "no formular hipótesis que entren en conflicto con los hechos." Esto es lo que tuvieron que hacer Copérnico, Galileo, Newton, Einstein y muchos otros. Incluso cuando, como en el caso de Newton, predicaban lo contrario. Lo que está en juego no es la simpleza de que las personas de gran perspicacia puedan tomar atajos, sino que el método puede ser incompatible con el éxito científico.

Imagine el caso de unas escaleras que permite a los excursionistas ir desde la cima de un acantilado hasta la playa que hay justo debajo. Alguien con una agilidad extraordinaria—y mucha suerte— puede prescindir de los escalones, tirarse desde lo alto y caer de pie. Pero podría haber bajado por la escalera para llegar al mismo destino, aunque de forma no tan espectacular. Sin embargo, lo que la nueva filosofía de la ciencia afirma es que el método de las escaleras puede ser perfectamente un obstáculo para que la ciencia llegue al fondo de las cosas. Esta es la lección que Kuhn, Feyerabend y otros han deducido de los episodios más significativos de la historia de la ciencia. Además, en tales episodios, a menudo fue el bando perdedor— el que nuestro presente ahistórico ridiculiza—en tales episodios, a menudo fue el bando perdedor -el que nuestro presente ahistórico ridiculiza- el que libró una buena batalla por la corrección metodológica. Para los oídos empiristas tradicionales debe resultar cuando menos chocante oír decir a Galileo: "No hay límite a mi asombro cuando reflexiono que Aristarco y Copérnico fueron capaces de hacer que la razón conquistara de tal modo el sentido que, desafiando a este último, el primero se convirtió en dueño de su creencia" (*Diálogo sobre los dos máximos sistemas del mundo*, 381).

En una guerra de ideas, no es raro ver cómo las facciones enfrentadas dan paso a una visión completamente nueva del tema. Y este libro puede verse como un intento de desarrollar tal visión. Lo que está en juego es nuestra comprensión de la naturaleza de la ciencia. Se servirá de los hallazgos de la escuela histórica. Pero añadirá también una perspectiva científica, en los capítulos del 8 al 10. La ciencia es producida por criaturas biológicas, por lo que aplicaremos la biología para investigar la naturaleza de la ciencia: primero la biología evolutiva y después la neurociencia en el contexto de la evolución.

Una de las cuestiones que se debatirán en el capítulo 8 se refiere al grado en que puede decirse que la ciencia es adaptativa. Aunque ese tema tiene un historial de escollos, creo que se puede argumentar en esa línea. Y se verá que la caída del método facilita en realidad, tal argumento. También se verá que cuando la ciencia se toma como una empresa social, exhibe ciertos rasgos estructurales que nos permiten llamarla racional. Algunos lectores pueden detectar una posible conexión con la epistemología evolucionista. En efecto, la hay. Pero mientras que la epistemología evolucionista sugiere sobre todo analogías con la evolución, yo sostengo no que la ciencia sea como la naturaleza, sino que forma parte de la naturaleza. Por el camino, nos daremos cuenta de que pensar en la ciencia como un proceso acumulativo y progresivo, como sugieren algunos historiadores de la ciencia y algunos realistas científicos, se ve socavado tanto por la historia como por las consideraciones evolucionistas sobre la naturaleza de la ciencia.

En el capítulo 9, discutiremos el argumento realista de que el éxito de la ciencia sólo puede tener sentido si damos por sentado que la ciencia descubre la verdad sobre el mundo. Veremos, sin embargo, que una aplicación adecuada de la biología evolutiva, en combinación con la neurociencia, derrota al realismo y conduce a la comprensión de que la ciencia no sólo está abierta a una transformación radical, como indica la historia, sino que debería estarlo. Ese será un tema importante de este capítulo y del siguiente. Este capítulo prestará especial atención a cómo la distorsión y la exageración pueden llevarnos a menudo a interacciones con el mundo más fructíferas de lo que lo harían las percepciones verídicas.

En el capítulo 10, consideraremos que podrían existir "cerebros" con estructuras muy diferentes a las nuestras, pero que sin embargo, podrían servir a esas otras especies tan bien como nuestro tipo de cerebro sirve a nuestra propia especie. Sería entonces muy arbitrario insistir en que, sea cual sea la ciencia que desarrollen nuestros cerebros, se parezca más al punto de vista del Ojo de Dios. Está claro que las distintas especies suelen experimentar el mundo de forma diferente. Esas diferentes formas de experimentar el mundo, incluida la concepción del mundo, son relativas a lo que podemos llamar marcos de referencia determinados por la biología. Y podemos hablar de una "complementariedad", al menos potencial, que recuerda en cierto modo a la epistemología de Niels Bohr. Este relativismo evolutivo es el último clavo en el ataúd del realismo, a nivel de la ciencia. A continuación, el capítulo desenmascarará los errores de razonamiento de las objeciones mejor consideradas contra el relativismo. Y también sugerirá una teoría razonable de la verdad relativa. Además, en lugar de propiciar una visión de la ciencia como algo irracional, pensar en la ciencia como un conocimiento radical, tal y como sugieren la biología y la historia de la ciencia, nos hace comprender que pueden producirse cambios drásticos en cualquier nivel de nuestra empresa científica y dar lugar al progreso científico.

Cuando todo esté dicho y hecho, este libro se decantará por una visión nueva y optimista de la ciencia. Espero que los científicos y los lectores aficionados, que han permanecido al margen durante demasiado tiempo, deseen unirse a este viaje para comprender la respuesta organizada a nuestro sentido de lo maravilloso.

REFERENCIAS

Galileo. (2001). *Dialogue Concerning the Two Chief World Systems*. Stillman Drake, trans. *The Modern Library*. Primera publicación en 1632.

Hempel, C. (1978). "Scientific Rationality: Normative vs. Descriptive Construals," en *Wittgenstein, the Vienna Circle and Critical Rationalism*. Actas del 3er International Wittgenstein Symposium.

CAPÍTULO 2
LAS PRUEBAS Y TRIBULACIONES
DE LA INDUCCIÓN

Hay que elogiar a Galileo, escribió Richard Rorty, un destacado filósofo, "por preferir sus ojos a su Aristóteles."[1] Rorty opina, como muchos otros, que Galileo tuvo éxito porque no permitió que la especulación teórica empañara sus meticulosas observaciones del mundo. De hecho, la mayoría de la gente, muchos científicos incluidos, tienen la impresión de que la ciencia tiene éxito, a diferencia de la religión y la magia, porque los científicos juzgan en última instancia el valor de sus ideas por la evidencia de los sentidos.

Esta percepción es el corazón de la filosofía empirista. Ahora bien, hay dos formas principales en las que nuestras observaciones– nuestra experiencia del mundo – pueden utilizarse para emitir un juicio sobre las teorías científicas y, por tanto, dos tipos principales de empirismo. El primero es simplemente que la experiencia puede dar pruebas a favor de una teoría. El segundo es que la experiencia puede aportar pruebas en contra de una teoría. En este capítulo, me concentraré en la primera, en las pruebas que apoyan directamente una teoría. Esta es el terreno de una visión empirista de la ciencia llamada **inductivismo**, según la cual la ciencia utiliza un tipo especial de razonamiento llamado **inducción**, que presumiblemente tiene al gran Isaac Newton como santo patrón.

La principal versión del inductivismo en el siglo XX fue el Positivismo Lógico, y su principal defensor fue Rudolf Carnap. Adjunto una bibliografía bastante extensa de sus publicaciones más pertinentes. No obstante, la discusión sobre el inductivismo en el siglo XX y antes será breve. Actualmente ya no es un punto de vista popular ni prometedor. Karl Popper escribió que "la inducción, es decir, la inferencia basada en muchas observaciones, es un mito. No es ni un hecho psicológico, ni un hecho de la vida ordinaria, ni un hecho del procedimiento científico" *(1963, 53)*.[2] Las cuestiones más importantes de este libro se introducirán adecuadamente en relación con el falsacionismo en el capítulo 3.

---

[1] Richard Rorty. *Philosophy and the Mirror of Nature* (Princeton: Princeton University Press, 1979), p. 246.
[2] Véase también su *Logic of Scientific Discovery* (1959).

Para muchos empiristas, nuestras teorías deben tener el máximo apoyo posible, aunque algún apoyo es mejor que ninguno. Pero para algunos filósofos nada por debajo del ideal es aceptable: exigen que la teoría se demuestre con hechos. Ahora bien, ¿qué es una prueba? Para los filósofos, demostrar algo significa ponerlo fuera de toda duda. El ejemplo clásico de este tipo de rigor filosófico lo dio el filósofo, matemático y científico francés René Descartes (1596-1650).[3] Esta exigencia de pruebas, cuando se une al ideal empirista de que la experiencia sea el juez último de la teoría, conduce a algo parecido al argumento actual, que Descartes, que no era empirista, no habría favorecido.

Para construir una verdadera ciencia debemos empezar por una base sólida: la propia naturaleza. El mundo debe poder opinar sobre las ideas que aceptan los científicos. Pero el mundo, o la naturaleza, sólo puede hablar a través de nuestra experiencia de él. Desgraciadamente, incluso la experiencia sensorial puede estar distorsionada por prejuicios y sesgos intelectuales, como argumentó el filósofo inglés Francis Bacon (1561- 1626).[4] Podemos, por ejemplo, no ver aquellos aspectos de la naturaleza que no concuerdan con las teorías que nos son queridas. Por ello, antes de observar la naturaleza, debemos limpiar nuestra mente de todo sesgo, o influencia teórica, para que nuestra experiencia no esté distorsionada y sea, por tanto, fidedigna. La ciencia comienza con un proceso de purificación, con una búsqueda de objetividad, para garantizar que cuando leamos el libro de la naturaleza nos informemos verdaderamente de lo que está escrito en él y nada más. Como dijo el astrónomo británico John Herschel (1831), la ciencia requiere "eliminar y despejar la mente en forma absoluta de todo prejuicio... y la determinación de defender o descartar el resultado de una aplicación directa a los hechos...."[5]

En segundo lugar, a partir de este fundamento derivamos el resto del conocimiento científico (según las palabras de Herschel, la ciencia requiere "la derivación lógica estricta de los [hechos]"). Sólo las derivaciones válidas desde el punto de vista lógico o matemático, pueden ser una *prueba* porque sólo así se puede transmitir la verdad de los fundamentos. Es decir, sólo las deducciones válidas garantizan en cada etapa que no pasemos de una verdad a una falsedad (de hecho, la definición de una inferencia válida es aquella en la que es imposible que todas las premisas sean verdaderas y la conclusión falsa).

Cumpliendo estos dos requisitos nos aseguraremos presumiblemente de que nuestras ideas sobre la naturaleza estén plenamente respaldadas por la propia naturaleza.

---

[3] René Descartes, *Discourse on Method* (1637) y *Principles of Philosophy* (1644).
[4] Francis Bacon, *Novum Organum* (1620).
[5] *Preliminary Discourse of Natural Philosophy* de John Herschel (1831).

Cumpliendo estos dos requisitos nos aseguraremos presumiblemente de que nuestras ideas sobre la naturaleza estén plenamente respaldadas por la propia naturaleza.

Este relato empirista de la ciencia ha recibido críticas muy duras a lo largo de los años. Pero antes de pasar a versiones más sofisticadas del empirismo, merece la pena examinar por qué fracasa esta forma de inductivismo, para que podamos valorar mejor las virtudes de esas otras versiones.

OBJECIONES A ESTE IDEAL DE EMPIRICISMO

El desafío al ideal empirista tiene dos partes, una por cada uno de los requisitos que se exigen a los empiristas para probar las teorías. En primer lugar, el empirista exige observaciones de la naturaleza no contaminadas por la teoría (experiencia pura); y en segundo lugar, exige que la verdad de esas observaciones se transmita a las teorías sin sufrir alteraciones. Los cimientos deben ser firmes y la estructura erigida sobre ellos debe ser impecable. Obviamente, estamos ante un ideal. No es una objeción en contra que, puesto que somos imperfectos, no podamos realmente deshacernos de todos los prejuicios o evitar todos los errores de razonamiento. Lo que queremos determinar es si los científicos deben guiarse por él.

Una versión extremista de este ideal, si fuera correcta, permitiría poner a la ciencia en manos de robots. La ausencia total de prejuicios parece sugerir que los científicos deberían tratar todos los datos por igual, ya que asignar mayor importancia a algunos de ellos implica un sesgo. Así, quizás en un futuro lejano, podríamos programar un robot para que recogiera todos los datos relativos a alguna cuestión de interés científico. El robot obtendría entonces la respuesta científica correcta a la pregunta.

Sin embargo, con algunas consideraciones básicas y elementales, se demuestra la inverosimilitud de una forma tan mecánica de hacer ciencia. Como subrayó el filósofo austriaco Karl Popper (1902-1994) la recopilación de hechos no puede tener éxito sin, al menos, algunas conjeturas o hipótesis previas sobre cómo podría ser la respuesta a nuestra búsqueda. Al científico se le pide que observe (y que lo haga cuidadosamente). Pero si a un científico, digamos Niels, se le pide que observe, ¿qué es lo que se espera que haga?

Si Niels realmente hubiera limpiado su mente de todas las ideas preconcebidas, de todas las expectativas previas, y hubiera entrado en un laboratorio químico donde se estuviera realizando un experimento, ¿qué observaciones hubiese hecho? ¿Habría descrito el reloj de la pared? ¿El olor de los bancos? ¿Los patrones que dibujan los haces de luz al entrar por la ventana? No. Presumiblemente se centraría en el experimento. Pero es probable que lo haga sólo gracias a sus conocimientos previos, a partir de los cuales obtiene pistas sobre lo que es más importante en la sala. Observar requiere algún tipo de orientación. Sin esta orientación, la tarea rápidamente se vuelve inmanejable (podría, por ejemplo, examinar en su lugar la calidad de la madera de los bancos y la porosidad de la pared). Debemos acotar nuestro campo de observaciones o, de lo contrario, la ciencia ni siquiera podría empezar.[6]

La sugerencia de que Niels restrinja sus observaciones a las que sean relevantes para el problema no servirá de mucho. Los problemas no suelen venir con etiquetas sobre lo que es relevante observar. Y cuando lo hacen, es sólo porque se han planteado sobre un trasfondo de conocimientos previos y que dirigen nuestra atención hacia determinados aspectos de esos problemas. Pongamos un ejemplo. Justo antes de que se ponga el sol, parece aumentar de tamaño. ¿Por qué? Para responder a esta pregunta, reducimos inmediatamente el ámbito de observación. No enviaríamos una nave espacial para vigilar el sol, ya que en realidad no creemos que aumente de tamaño. No. Los conocimientos científicos que ya poseemos nos llevan, en cambio, a plantear la hipótesis de que tal vez se trate de una ilusión óptica, similar a la *ilusión Lunar*, ya que la Luna también se agranda cerca del horizonte, y de esta forma proceder con la hipotesis utilizando las técnicas de la psicología perceptiva. La cuestión es que decidimos que merece la pena o no de investigar, en función de nuestras posibles soluciones al problema.

En cambio, una auténtica "máquina inductiva", o robot, que tratara a todos los datos por igual se colapsaria. La ciencia no puede generarse mecánicamente a partir de la simple y mera experiencia.

No obstante, este resultado sólo resulta devastador para una versión extrema del inductivismo. Un inductivista algo más razonable podría argumentar que los científicos únicamente están obligados a asegurarse de que las hipótesis que formulan antes de observar un determinado aspecto del mundo no distorsionan esas observaciones. En el próximo capítulo, discutiré si esa experiencia "imparcial" es realmente posible, incluso por principio. Pero de momento, supongamos que nuestros esfuerzos científicos nos van a recompensar con una buena colección de evidencias o "datos" relevantes. ¿Podemos utilizar estos datos para demostrar teorías?

La respuesta es no. En sentido estricto, una *prueba no* debe contener etapas o peldaños en los que sea *posible* pasar de la verdad a la falsedad Por otra parte, resulta difícil evitar esos pasos en falso cuando las conclusiones en sí (en nuestro caso, las teorías científicas) tienen más contenido que las pruebas que las sustentan. Las leyes de la propulsión de cohetes (o mejor, una teoría sobre

---

[6] Véanse las críticas de Popper en las obras mencionadas.

cuáles son las leyes de la propulsión) deberían aplicarse a todos los cohetes que se nos ocurran, no sólo a los pocos cohetes que se han lanzado al espacio. La opinión de que las teorías pueden ser demostradas por los hechos presenta esta dificultad lógica a dos niveles.[7]

Primero, las reglas inductivas, o reglas para generalizar a partir de los datos, no pueden conducir por sí mismas a conceptos que no se encuentren en los datos. A primera vista, esto es justo como debería ser, ya que un buen científico presumiblemente nunca va más allá de las pruebas. El problema es que cuando observamos la historia de la ciencia, nos damos cuenta de que en muchos casos el avance requirió la incorporación de nuevos conceptos que no estaban presentes en los datos que se tenían.

A modo de ilustración, analicemos una importante hipótesis planteada por Torricelli, uno de los alumnos de Galileo. Galileo y muchos otros científicos, o filósofos por naturaleza, como se les llamaba entonces, habían estado intrigados ante el hecho de que las bombas de succión no pudieran elevar el agua más de 10 metros de la boca del pozo. A Torricelli se le ocurrió, que la bomba de succión creaba un vacío; este vacío no ofrecería resistencia a la presión ejercida sobre el agua por un océano de aire que rodeaba la Tierra (la atmósfera). El agua sube sólo 10 metros porque la columna de aire que empuja el agua sólo pesa esa cantidad. Pascal utilizó la hipótesis de Torricelli para conjeturar que esta columna de aire también soportaría una columna de mercurio (una mucho más corta, obviamente, ya que el mercurio es considerablemente más pesado que el agua). Así nació el barómetro. Pascal también conjeturó que la altura de la columna de mercurio disminuiría a medida que se llevara el barómetro a mayores altitudes, por la sencilla razón de que la columna de aire que ejercía presión sobre el líquido sería más corta. En un famoso experimento, el cuñado de Pascal, Perier, confirmó la conjetura de Pascal llevando un barómetro a la cima del Puy-de-Dome mientras que un barómetro de control situado al pie de la montaña permanecía inalterado.

La moraleja de la historia es que ninguna generalización o deducción matemática a partir de todos los datos sobre las bombas de succión habría producido el océano de aire de Torricelli. El progreso a veces requiere inteligencia creativa, no mecánica. También podemos observar que lo que hizo de la de Torricelli una hipótesis científica tan buena es precisamente que iba más allá de las pruebas: Pascal la amplió para abarcar el comportamiento de

---

[7] Hume fue particularmente influyente a la hora de transmitir este punto. Véanse sus obras a las que se hace referencia en este capítulo.

las columnas de mercurio a diferentes altitudes, sin duda una cuestión sobre la que no se habían reunido pruebas.

Este punto conduce a una dificultad similar en un *segundo* nivel. El filósofo escocés David Hume (1711-1776) señaló que si se supone que la ciencia se basa en la experiencia, entonces parecería que estamos destinados a hacer afirmaciones sobre una gran variedad de casos no analizados basándonos en unos (relativavamente) pocos casos analizados.[8] Las teorías científicas tienen normalmente un alcance mucho más general que el conjunto finito y limitado de hechos del que disponen los científicos, como vimos en el caso de la propulsión de cohetes. Por lo tanto, el contenido de la conclusión es mayor que el de las pruebas. Esto nos dice que partes de la conclusión no pueden ser justificadas por las pruebas y, por tanto, es posible pasar de una verdad a una falsedad. En consecuencia, no hay ninguna derivación matemática o lógica válida posible.

El razonamiento científico, tal y como lo describe el inductivismo, carece así de validez.

Se trata del famoso problema de la inducción, que en su día el filósofo alemán Immanuel Kant (1724-1804) llamó el "escándalo de la filosofía." Hay un caso especial de este problema cuando llegamos a la conclusión de que una teoría es cierta porque ha dado lugar a predicciones exactas. En este caso, las pruebas a partir de las cuales "inducimos" la verdad de la teoría son ciertamente de pequeño alcance, pero de alguna manera también son muy impactantes. Así, por ejemplo, si la Teoría General de la Relatividad de Albert Einstein es correcta, los rayos de luz deberían curvarse alrededor de grandes masas como las estrellas. Dado que los rayos de luz sí se curvan alrededor de las estrellas, consideramos que tenemos pruebas a favor de la Relatividad General. Nuestra intuición nos dice que debe haber algo correcto en este punto. Pero, por desgracia, nuestra intuición no viene acompañada de una explicación de cómo el éxito de las predicciones por sí solo puede, en general, garantizar la verdad de la hipótesis o teoría en cuestión. Para ver por qué, veamos un pasaje de *Huckleberry Finn* de Mark Twain:

> siempre he pensado que mirar a la luna nueva por encima del hombro izquierdo es una de las cosas más tontas y absurdas que se pueden hacer. El viejo Hank Bunker lo hizo una vez y presumió mucho de ello, y menos de dos años después se emborrachó, se cayó de la torre del agua y se quedó tan aplastado que parecía una hoja, por así decirlo, y lo tuvieron que poner de lado entre dos puertas de establo en lugar de

---

[8] Hume. Principalmente en su *Treatise,* Book I (1740).

ataúd y lo enterraron así, según dicen, pero yo no me lo creo. Me lo contó padre, pero de todas formas es lo que pasa por andar mirando así a la luna, como un idiota.

La falacia de este razonamiento proviene de suponer que, puesto que la hipótesis (mirar la luna por encima del hombro izquierdo es malo para la salud) nos indujo a presagiar que a Hank Bunker le sucedería algo funesto, entonces la hipótesis es la *única explicación* de la prematura muerte de Hank. En el caso de las hipótesis científicas, tendemos a impresionarnos tanto porque no se nos ocurre ninguna otra cosa que pudiera haber provocado el mismo suceso. Pero puede que eso sólo indique las carencias de nuestra imaginación. En cualquier caso, un razonamiento falaz en la vida real (o en la literatura) no se transforma en un buen razonamiento en cuanto entra en el laboratorio. Veamos algunos ejemplos.

Según una hipótesis del médico escocés John Hunter (siglo XVIII), la sífilis y la gonorrea están causadas por el mismo agente y son, por tanto, básicamente la misma enfermedad, salvo que los síntomas de la gonorrea aparecen cuando se infecta una membrana mucosa y en cambio los de la sífilis se desarrollan cuando se infecta la piel. Cabría esperar, por consiguiente, que los casos avanzados de gonorrea se convirtieran en casos de sífilis. Para comprobar la hipótesis, habría que ver si los pacientes que padecen gonorrea durante algún tiempo acaban desarrollando los síntomas de la sífilis. Resultó que los casos "confirmatorios" se produjeron en gran número. Si aplicáramos el modo de inferencia propuesto, deberíamos concluir que la hipótesis de Hunter había sido probada por los hechos (o validada o confirmada). Pero en realidad la hipótesis es falsa. Ocurre que las víctimas de una enfermedad contraen a menudo la otra, siendo ambas los riesgos de un determinado estilo de vida, aunque los síntomas de la sífilis pueden no aparecer hasta mucho más tarde.

Otra ejemplificación la proporciona la "prueba" experimental de Van Helmont de la afirmación de que el agua era el único constituyente de la materia vegetal (1662). Tras cuestionar la predominante predilección aristotélica por las mezclas de los cuatro elementos básicos (tierra, agua, aire y fuego), Helmont informó lo siguiente:

> En un recipiente de barro puse 200 libras de tierra que había secado en un horno, que mezclé con agua de lluvia, e implanté en él el tronco o tallo de un sauce que pesaba 5 libras; y al cabo de cinco años, el árbol que brotó de allí pesaba 269 libras y unas 3 onzas. Pero yo mezclé la Vasija de Tierra con Agua de Lluvia, o agua destilada (siempre que había necesidad), y era grande y metida en la Tierra, y para que el polvo que volaba alrededor no se mezclara con la Tierra, cubrí el borde y la boca de la Vasija, y allí se encontraron las mismas 200 libras, faltando unas 2

onzas. Por lo tanto 264 libras de Madera, Cortezas y Raíces surgieron del agua solamente.[9]

Si la hipótesis de Van Helmont sobre el agua fuera correcta, sus resultados serían exactamente los que en realidad se observaron. Pero el problema es que también lo serían si la hipótesis fuera falsa y otra muy diferente verdadera (ej., una hipótesis que implicara la fotosíntesis y algunos otros procesos desconocidos en su época). Este es el problema al que nos enfrentamos cada vez que aplicamos el modo falaz de razonamiento que nos ocupa.

Einstein había supuesto que la gran masa del sol cambiaría la geometría del espacio-tiempo en su colindancia de manera que los rayos de luz de otras estrellas se desviarían de modo que se verían más cerca del sol de lo que debería esperarse que estuvieran en el cielo nocturno (para una explicación más detallada véase el capítulo 7). Los científicos buscaron otras posibles explicaciones. Según la teoría de la luz de Newton, las partículas de luz tienen masa. Se deduce entonces que los rayos de luz que pasaran cerca del sol sentirían una fuerte atracción gravitatoria hacia el sol. Pero la desviación newtoniana prevista era mucho menor que la observada, y hoy no creemos que los fotones (las partículas de luz de Einstein) tengan masa. Otras teorías alternativas sin estos inconvenientes, aunque con otros, se han propuesto desde la de Einstein (véase el capítulo 4). Además, la Relatividad General de Einstein también podría explicar por qué el perihelio de Mercurio (el punto más cercano al sol en la órbita de Mercurio) se desvió 43'' de lo previsto. Con el paso de los años, y en partcular desde el inicio de la era espacial, cada vez son más las predicciones de la Relatividad General que se hacen realidad. Cualquier teoría competidora— y de vez en cuando salen algunas— tiene mucho que demostrar. Pero la cuestión radica en que se puede ofrecer un argumento plausible, es más, convincente, a favor de la teoría de Einstein basándose en su predicción, pero que ser convincente, incluso abrumadoramente convincente, no es el tipo de prueba que perseguía este tipo de inductivismo.

INTENTOS DE JUSTIFICAR LA INDUCCIÓN

Podríamos haber esperado un mecanismo que arrojara conocimientos sobre el mundo, una máquina de descubrimientos científicos, siempre que fuéramos puros de mente científica y firmes de mano matemática. Pero, por desgracia, no podemos reunir todos los hechos ni evitar las hipótesis previas. Para evadir esta frustrante situación, algunos empiristas decidieron hacer hincapié en la

---

[9] Citado en *The Architecture of Matter* de Toulmin S. y Goodfield J. (1962, pp. 152-153).

justificación de las teorías en vez de su *descubrimiento*. La figura más destacada del célebre Círculo de Viena, Rudolf Carnap (1891-1970), dijo que la tarea de encontrar "una ley para la explicación de fenómenos dados… no puede resolverse mediante ningún procedimiento mecánico o reglas fijas; se resuelve más bien a través de la intuición, la inspiración y la suerte del científico." Una consecuencia de esta distinción es que, dado que en el descubrimiento de una teoría "factores no racionales como la intuición o la inspiración del genio desempeñan un papel decisivo", el descubrimiento ya no puede ser competencia de la filosofía (pues presumiblemente la filosofía sólo se ocupa de lo racional). El trabajo de la filosofía de la ciencia consiste en desarrollar un procedimiento racional para examinar las teorías una vez propuestas. Como dice Carnap, "la relación entre una teoría y la evidencia observacional disponible no es, estrictamente hablando, la de *inferir* la una de la otra, sino la de *juzgar* la teoría de la base de la evidencia cuando ambas se dan."[10]

El lector puede preguntarse, sin embargo, cómo un movimiento así puede eludir la objeción de Hume en el sentido de que el modo de inferencia de la "inducción" es falaz; pues no parece haber forma de evitar generalizar a partir de un conjunto limitado de pruebas observacionales a una conclusión de alcance general.

1. *La uniformidad de la naturaleza*

Una forma de contrarrestar esta objeción es sugerir que la naturaleza es uniforme y que, en consecuencia, los sucesos no observados serán muy parecidos a los ya observados. Muchos científicos sienten que sin la creencia de la uniformidad de la naturaleza no tendría sentido practicar la ciencia, ya que la presunta alternativa a un cosmos regular sería el caos, y si reina el caos no hay regularidad que descubrir. Pero dejando a un lado los sentimientos de los científicos, ¿puede esta sugerencia de la uniformidad de la naturaleza salvar al inductivismo?

El mérito de esta sugerencia radica en que si la naturaleza es uniforme, el modo de razonamiento científico será válido. Si la hipótesis sometida a prueba concuerda con las pruebas en una sección de la naturaleza que ya hemos examinado, y si suponemos que en el resto de la naturaleza será igual, se supone que la hipótesis será cierta en todas partes. Es decir, hemos probado nuestra hipótesis, pues hemos pasado de premisas verdaderas a una conclusión que no puede ser falsa.

---

[10] Citado por Lakatos en *Mathematics, Science and Epistemology* (1980, 146).

Pero, ¿es cierta la suposición de la uniformidad de la naturaleza? En cierto sentido claro, la naturaleza no es uniforme. El agua hierve a una temperatura determinada en la ciudad de Nueva York, pero en Quito, Ecuador, no. Los primeros exploradores europeos del Norte eran recibidos con sorna cuando hablaban del sol a medianoche. La naturaleza tiene un aspecto distinto, se percibe de forma diferente según nos movemos de un lugar a otro. Pero quizás lo que se quiere decir con la uniformidad de la naturaleza es que las mismas leyes operan en todas partes. Por ello y de acuerdo con Einstein, aunque cada región del espacio-tiempo pueda ser diferentes, siguen cumpliendo su teoría de la Relatividad General. Asumir la uniformidad de la naturaleza también puede ser útil. En Paleontología, ej., supuestamente se ha avanzado al asumir que las fuerzas de la naturaleza que operan sobre la fauna y la flora actuales también lo hacían sobre las especies extinguidas. Así, comparando unos huesos de dinosaurio con los de especies vivas, digamos iguanas, los paleontólogos del siglo XIX pensaron que podían hacer conjeturas fiables sobre cómo eran los dinosaurios.

Si este principio sirve de guía útil para la investigación sería interesante. Pero la cuestión que nos ocupa es la de la justificación, la de si el principio de uniformidad de la naturaleza puede ayudarnos a demostrar, ahora o en el futuro, que nuestras teorías científicas son ciertas.

De entrada, nos enfrentamos al problema de que nadie sabe cómo demostrar que el principio en sí es cierto; así que parece que tenemos que hacer acto de fe. Quizás no sea una transgresión grave, sólo es un paso dentro de una investigación más general; y aunque tengamos que hacer acto de fe, este poco de fe puede recorrer un largo camino en la ciencia.

Esta concesión es innecesariamente generosa, ya que el principio de la uniformidad de la naturaleza no hace el trabajo que se espera de él. Cuando se trata de demostrar la verdad de las teorías, este principio es contradictorio o inútil.

Veamos primero por qué puede ser contradictorio. Al examinar los datos sin procesar, esperamos encontrar patrones que los cohesionen, que los hagan manejables. En un muestreo limitado en principio es posible encontrar más de un patrón. El problema es que cuando recopilamos más datos. los patrones (o funciones) pueden entrar en conflicto, como podemos ver ilustrado en las **Figuras 2.1-2.5**. Puesto que asumimos la uniformidad de la naturaleza, es de esperar que los datos futuros se ajusten a los mismos patrones. Dado que los dos patrones explican los datos del muestreo acotado, cabe esperar que los datos sigan cohesionados **con ambos patrones** a medida que se amplía la muestra. Pero vemos que en las **Figuras 2.1-2.5**, que cuando la muestra se amplía, ambos patrones generan expectativas distintas sobre cómo serán los datos futuros. O sea, dada la uniformidad de la naturaleza, los datos han de ceñirse a dos patrones **diferentes y ahora contradictorios**, al mismo tiempo (en el muestreo ampliado). Pero esto es imposible. Para ceñirse a un patrón, los datos deben evitar ajustarse a ciertas parcelas del otro patrón. Aplicado sin restricciones el principio de la uniformidad de la naturaleza conduce a una contradicción.

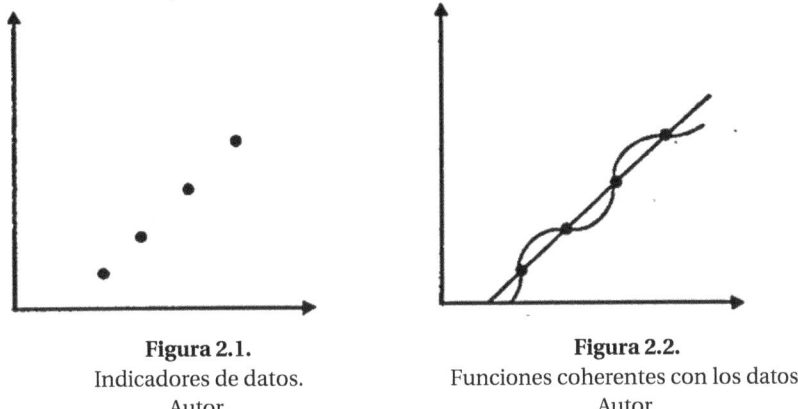

Figura 2.1.
Indicadores de datos.
Autor.

Figura 2.2.
Funciones coherentes con los datos.
Autor.

Los datos de la Figura 2.1 se pueden contabilizar con cualquiera de las dos funciones dibujadas en la Figura 2.2. Pero según el principio de uniformidad de la naturaleza, los datos futuros se ceñirán a los patrones (las funciones) establecidos.

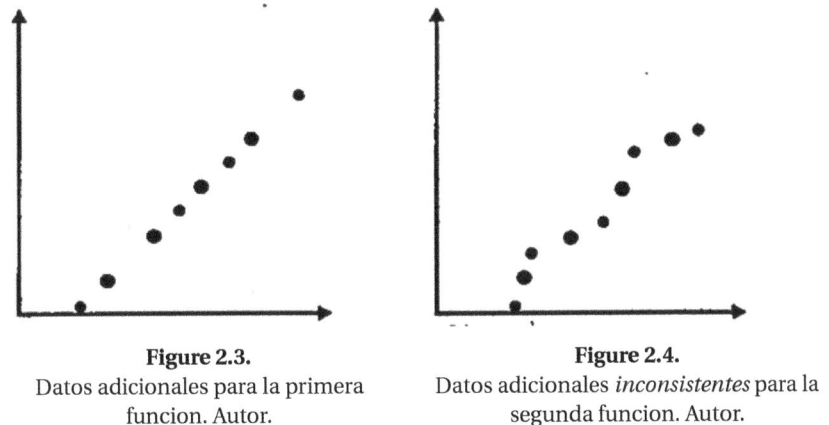

Figure 2.3.
Datos adicionales para la primera
funcion. Autor.

Figure 2.4.
Datos adicionales *inconsistentes* para la
segunda funcion. Autor.

Es decir, debemos esperar que la distribución de los datos sea conforme a la figura 2.3. Pero ¡también debemos esperar que sea conforme a la figura 2.4! El principio conduce a expectativas contradictorias y es, por tanto, un principio contradictorio.

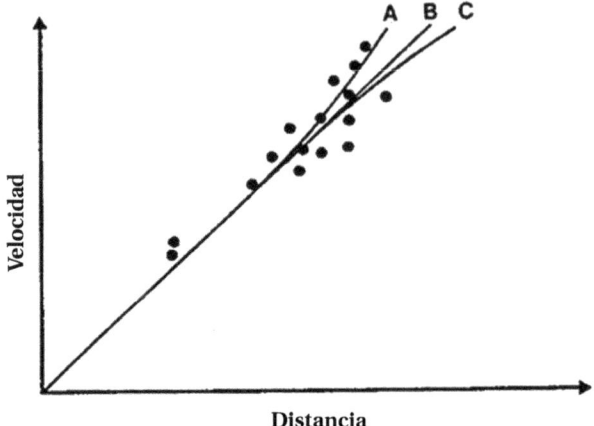

Figura 2.5. La Ley de Hubble ampliada a largas distancias. Autor.

La Ley de Hubble ampliada a largas distancias. La forma del universo afecta a cómo se ve la Ley de Hubble cuando incluimos datos de galaxias lejanas. La curva A corresponde a un universo con curvatura positiva, la curva B un universo plano y la curva C un universo con curvatura negativa.

Para evitar esta contradicción, los inductivistas pueden exigir que las muestras sean representativas. Cuando la muestra es representativa, los patrones que coincidan seguirán coincidiendo a medida que la muestra se amplíe (eso es lo que significa ser representativo). Y aquí surge un gran problema. Decir que una muestra es representativa, es decir que el resto de la naturaleza (o el área que estamos investigando) es igual a nuestro muestreo en todos los rasgos importantes. Por eso, no basta con decir que la naturaleza es uniforme; necesitamos que la naturaleza sea uniforme justo en este sentido. Incluso si el principio es cierto, todavía nos queda por determinar si la muestra en cuestión es representativa. Saber que la naturaleza es uniforme no nos dice nada sobre si una muestra determinada es representativa o no. Esto hace que el principio sea inútil.

Este punto puede plantearse de varias maneras. Supongamos que la naturaleza es uniforme a nivel de leyes. Seguimos sin garantizar que las leyes de nuestra ciencia sean ciertas, ya que puede que fenómenos puntuales nos engañen al pensar que nos hemos apropiado de una ley de la naturaleza. Por ejemplo , una comunidad tropical aislada puede tener la noción de que el clima es muy uniforme en cuanto a la temperatura, ya que nunca ha vivido el cambio de las estaciones. Por tanto, aunque el principio de la uniformidad de la naturaleza sea cierto, es inútil. Porque siempre puede pasar que lo que hoy pensamos es el orden de la naturaleza resulte ser el paisaje peculiar de nuestro entorno cósmico.

Por tanto, no es de extrañar que hayamos renunciado a tantas visiones del mundo, a tantas leyes que en algún momento creímos sólidas. Está claro que la naturaleza puede tener uniformidad en un nivel *inmediato*, o en otro posterior. Lo que necesitamos saber es si las teorías actuales se hallan en el nivel adecuado. Saber que la naturaleza es uniforme no sirve de nada a menos que sepamos que las teorías captan esa uniformidad. Es sólo ese tipo de conocimiento el que hace válido el razonamiento del método inductivo y, por tanto, sólo ese conocimiento nos permitirá hablar de evidencia en ciencia. Pero tener ese conocimiento es saber que las teorías nos dicen cómo es realmente el mundo, *que son veraces*. Es decir, ¡el principio de la uniformidad de la naturaleza sólo nos permitirá demostrar que nuestras teorías son ciertas si ya sabemos de antemano que lo son!

Resumiendo el argumento: aunque la naturaleza sea uniforme, puede serlo de forma diferente a la que nuestras teorías nos dicen. En ese caso, el principio de uniformidad de la naturaleza no nos sirve ni un ápice para demostrar las teorías que tenemos. Por otro lado, para demostrar que la naturaleza es uniforme tal y como nuestras teorías nos indican, primero es necesario demostrar que nuestras teorías son correctas. En tal caso, el principio de uniformidad de la naturaleza tampoco nos ayuda.

A priori, el principio conduce a hipótesis contradictorias. Para subsanarlo, tomamos medidas para inutilizarlo. Con el primer escollo de este dilema tachamos el principio de falso (un principio que lleva a una contradicción es presumiblemente falso). En el segundo escollo, aceptamos el principio como verdadero, pero lo impugnamos porque no puede ayudarnos a demostrar que nuestras teorías son verdaderas. En ambos casos, el principio no está a la altura de las esperanzas suscitadas.

Si Einstein está en lo cierto, las leyes en su Teoría General de la Relatividad son aplicables a cada región del espaciotiempo. Pero la cuestión de cómo determinar dicha correción sigue abierta. Respecto a la paleontología, área donde el principio de la uniformidad de la naturaleza parecía útil, las comparaciones anatómicas con especies vivas han resultado descabelladas En efecto, de un diente muy parecido al de una iguana, algunos concluyeron que su antiguo dueño era el iguanodonte, ¡debía medir más de treinta metros! Al creador del término "dinosaurio" (lagarto terrible), Richard Owen le escandalizaron esas comparaciones y propuso un enfoque más sensato. Los monstruos extintos siguen siendo monstruos, pero no de las dimensiones de Godzilla. Y los métodos de Owen han sido a su vez revisados por la inclusión de consideraciones fisiológicas y de otro tipo. Las *Figuras 2.6-2.9* muestran cómo algunas consideraciones cambiaron radicalmente el aspecto que se suponía tenían los "terribles lagartos". Ahora, los paleontólogos debaten ideas sobre la biología de los dinosaurios más radicales (e.j., si los dinosaurios eran animales de sangre caliente, e incluso sociales).

2. *El futuro se parecerá al pasado*

Durante mucho tiempo solo se consideraban dos formas de razonamiento: el deductivo y el inductivo. La inducción era el modo de pensar sobre el mundo; y si la inducción era intrínsecamente inválida, nuestro razonamiento sobre el mundo era irremediablemente irracional. Este resultado incomodaba a muchos que habían asociado durante mucho tiempo la ciencia con la racionalidad.

Figura 2.6. Megalosaurus descrito por Owen en *Geología y moradores del mundo antiguo,* Londres 1854.

Figura 2.7. Megalosaurus descrito 2 décadas después. Imagen de Contry CC BY-SA 3.0.

Figura 2.8. Iguanodonte según Owen. Ilustracion de Samuel Griswold Goodrich (imagen de dominio público).

Figura 2.9. El iguanodonte según los paleontólogos posteriores.
Ilustración de Joseph Smit (imagen de dominio público).

No obstante, la objeción fue acogida en algunos círculos con fastidio más que con desazón intelectual. Cogiendo el toro por los cuernos, algunos pensadores afirmaron que la inducción es el método de las ciencias y funciona, ¡punto! Por supuesto, generalizamos a partir de muestreos (relativamente) pequeños a todos los casos. Pero ¡hace falta ser sofista para encontrar algo malo en ello! El profesor de química de Harvard E. B. Wilson ha captado acertadamente este concepto:

> Probablemente, los científicos prácticos que se atreven a escuchar a los filósofos se van desanimados, convencidos de que no existe ningún fundamento lógico para lo que hacen, que sus leyes teóricamente científicas carecen de justificación y que viven en un mundo de ingenuas ilusiones. Pero una vez que salen por la puerta, saben que no es así, que los principios científicos sí funcionan, que los puentes están en pie, que los eclipses ocurren según lo previsto y que las bombas atómicas estallan.[11]

En líneas generales, el núcleo de esta respuesta es que, de hecho, el método inductivo siempre ha funcionado, por lo que debemos confiar en él. Pero antes de dejar a un lado la filosofía y dar rienda suelta a la inducción para los principios científicos, hay que considerar la siguiente contrarréplica: La respuesta consiste en hacerse preguntas. Según el método inductivo, si la mayoría de los casos examinados poseen una determinada propiedad, entonces todos los

---

[11] *E. Bright Wilson Jr.* (1952), p.293.

casos (similares) que examinemos en el futuro poseerán esa propiedad. Por tanto, si algo ha sido fiable en el pasado, seguirá siéndolo. Esto es lo que la metodología nos dice que hagamos. ¿Y qué justifica la metodología? ¿Qué nos hace considerarla **fiable**? ¡El hecho de que haya sido fiable en el pasado! Tal "justificación" tiene todas las ventajas que ofrece la circularidad.

Es poco probable que este tipo de contrarréplica impresione a alguien que ya considera sospechosa la filosofía. Es sólo un argumento más que pretende que no puede demostrar que lo que intuye en sus entrañas es correcto.

Debo señalar, que esa osificación inductiva es más frecuente entre los filósofos que entre los científicos. Lejos de ser los escépticos exasperantes que imagina E. B. Wilson, muchos filósofos consideran que su trabajo consiste en justificar las pretensiones de conocimiento de las ciencias empíricas. De hecho, los filósofos tienden a compartir la desconfianza de Wilson hacia la línea escéptica de razonamiento, y a sospechar que hay algo que no encaja. Como diría un argumento más bien común del siglo XX, puesto que el inductivismo proporciona nuestra norma de racionalidad, las preguntas sobre él son en realidad pseudopreguntas, ya que ¡no pueden plantearse con sensatez sin tener en mente un patrón comparativo! Una filosofía tan deseosa de anular el poder del razonamiento merece sin duda el calificativo de ¡comodona!

En cualquier caso, hay que comprender que el escepticismo no es la cuestión. No sólo esta defensa de la inducción es circular, sino que acepta sin más la tesis de que el método clásico ha funcionado siempre. Pero muchos ejemplos históricos, incluidos los de la hipótesis de Hunter y el experimento del árbol de Van Helmont, atestiguan lo contrario. El método no sólo ha llevado a la gente por mal camino, sino que su violación era claramente necesaria para que se produjera el progreso científico (ej., en el caso de Torricelli, ya que tuvo que introducir una idea, un océano de aire, que no podría haberse derivado de los datos). Así pues, el ataque más punzante contra el inductivismo "estricto" no es que no podamos demostrarlo— incluso si es correcto— sino que no es la guía para la ciencia que pretende ser.

3. *Una retirada de la verdad a la probabilidad*

A la vista del desastre lógico, los herederos del inductivismo han intentado conformarse con un sentido menos estricto de "prueba." En lugar de exigir que las pruebas demuestren que nuestras teorías son ciertas, deberíamos exigir únicamente que sean probables—o para ser más "precisos," que sean probables, en el sentido del cálculo de probabilidades.

De paso, este giro hacia la probabilidad parece tener un sentido eminente. Cabe esperar que buenas teorías tengan más probabilidades de concordar con las pruebas que las teorías dudosas. Al igual que el detective apuesta por el sospechoso más probable, el científico persigue la "corazonada" más probable.

Pero, ¿pueden las pistas que nos da la naturaleza indicar realmente qué ideas son más probables? Si sé que en una caja hay siete bolas negras y tres blancas, puedo decir que en un sorteo al azar tengo más probabilidades de que me toque una bola negra. De hecho, en este caso también puedo decir que la probabilidad de que me toque una bola negra es de 7/10 o 0,7. La probabilidad se determina dividiendo el número de posibles resultados favorables por el número total de resultados posibles (tengo siete posibilidades sobre diez de obtener una bola negra). Pero el problema con las teorías es que no sé qué proporción de resultados en todo el universo les son favorables.

Parece que con suerte puedo estimar la probabilidad de las teorías con respecto a las pruebas ya disponibles. Esto podría hacerse, por ejemplo, con la llamada "probabilidad de frecuencia", en la que medimos la frecuencia de resultados favorables en una muestra dada. A medida que aumenta el tamaño de la muestra (una muestra a priori representativa) nos sentimos más seguros de nos acercarnos a la probabilidad correcta. Por desgracia, no tenemos ninguna seguridad de que las pruebas posteriores concuerden con las teorías al mismo nivel. O sea, los problemas de las secciones previas se aplican también a la versión probabilística de la inducción — no podemos probar que nuestra teoría seguirá igual de probable que ahora, algo que Hume planteó hace más de dos siglos. Ni siquiera podemos demostrar que nuestra teoría siga siendo tan probable como parece, y así sucesivamente. A medida que aumenta el tamaño del muestreo (una muestra a priori representativa) puede que estemos más seguros de estar cerca de la probabilidad cierta. Por desgracia, no hay ninguna garantía de que las nuevas pruebas concuerden con las teorías al mismo nivel. Así pues, todos los problemas de las fases anteriores se aplican también a la versión probabilística de la inducción— no podemos demostrar que nuestra teoría seguirá siendo tan probable como ahora parece, algo que Hume planteó hace más de dos siglos.[12]

¿No se trata de otro caso de puntillosidad filosófica? Después de todo, ¿no utilizamos las probabilidades y la estadística en la ciencia con grandes éxitos?

Pero hay una diferencia significativa entre determinar la probabilidad de un suceso, como hacemos en ciencia todo el tiempo, y estimar la probabilidad de hipótesis y teorías en general. Y esta segunda parte— que algunos conciben como el objetivo de una "lógica inductiva"— es la que nos concierne ahora. Al observar la historia desde este punto de vista, cabe esperar que el sistema copernicano fuera superior al de Ptolomeo (que situaba a la Tierra en el centro del universo) porque tenía una mayor probabilidad. Pero nunca se ha demostrado nada parecido. Ni tampoco se ha ideado una forma de asignar

---

[12] También en su *Treatise (1740).*

probabilidades a la dinámica de Newton o a la interpretación de Copenhague de la física cuántica, o a cualquier otra ley o teoría. Sencillamente, uno no espera encontrar en un libro de texto científico los valores de probabilidad de las fórmulas que esta estudiando.

Sin embargo, el objetivo de la lógica inductiva es determinar la probabilidad de las teorías a partir de las pruebas. Mientras que lo que *hacemos* en la práctica científica es casi lo contrario: Usamos las teorías científicas para determinar la probabilidad de los hechos. Podemos hacerlo porque las teorías científicas nos dicen cómo es el mundo (el equivalente a decirnos que hay siete bolas negras y tres blancas en la caja), o al menos intuyen cómo es el mundo. Por supuesto, a veces pensamos que la asombrosa fiabilidad de algunas estimaciones de probabilidad, las predicciones en general, da apoyo a las teorías relevantes (y que se piensa que el fracaso de las mismas juega en contra de ellas). Pero el problema es cómo pasar de este asombro a un método que determine lo probables que son esas teorías.

Las perspectivas no son muy buenas. Incluso los inductivistas más acérrimos admitieron al principio que el valor de probabilidad de cualquier hipótesis universal sería cero. Esto puede parecer una paradoja; pero consideremos que uno de los objetivos de la ciencia, según el empirista, es ser lo más exhaustiva posible. Una teoría que dé explicación a toda una serie de fenómenos está en una jerarquía más alta que otra que explique menos, en igualdad de condiciones. En el cálculo de probabilidades determinamos la probabilidad de una conjunción (e.j., A y B) multiplicando las probabilidades de cada componente (P(A) x P(B)). Así, cuantas más afirmaciones hagamos (cuantos más componentes tenga la conjunción), menor será la probabilidad resultante del conjunto. Supongamos que tenemos una teoría formada por dos hipótesis, cada una con un valor de probabilidad de 1/2. La probabilidad combinada de las dos hipótesis será 1/2 x 1/2 = 1/4. Ahora bien, si la teoría presenta tres afirmaciones sobre el mundo, su probabilidad será 1/2 x 1/2 x 1/2 = 1/8. Pero, lógicamente, queremos que nuestras teorías sean lo más completas posible. *¡Por eso deberíamos aspirar a que nuestras teorías se aproximen a la probabilidad 0!*

Puede que haya algunos inductivistas que deseen convertir este absurdo en una ventaja (como método para identificar las buenas teorías). Por desgracia, la probabilidad de teorías falsas (pero completas) también se aproximaría a cero.

El objetivo del método científico, según el empirismo, es idear una forma de que la experiencia emita un juicio sobre la teoría. Empezamos este capítulo con la intuición de que las teorías científicas que valen la pena se apoyarían en la experiencia (hechos, datos, evidencias). Y por "apoyo" entendíamos al principio que las teorías debían ser demostradas por la experiencia; o en su defecto, pensábamos que las teorías científicas debían al menos ser demostradas por la experiencia como altamente probables (a veces los filósofos hablan de "validación" o "confirmación" respectivamente). Dado el fracaso crónico de las ideas del inductivismo hasta ahora presentadas, podríamos desentendernos del método. O podríamos seguir un camino diferente para comprender el método científico.

Una de nuestras opciones es idear lógicas inductivas mucho más sofisticadas. Gran parte del trabajo en filosofía de la ciencia del siglo XX trató de hacer precisamente eso. Al repasar los magros resultados, la determinación de los filósofos analíticos que han hecho suya la tarea, parece muy sorprendente. Al señalar algunas de las razones para el optimismo, el filósofo Wesley Salmon ha dicho que del mismo modo que Gottlob Frege y Bertrand Russell tardaron miles de años en sistematizar la lógica deductiva hacia finales del siglo XIX, quizá la clave de la lógica inductiva esté a la vuelta de la esquina del trabajo e ingenio.

Es cierto que la lógica simbólica (deductiva) se ha vuelto tan respetable que en algunas universidades cursarla puede bastar para satisfacer el requisito de matemáticas. Es cierto que la lógica simbólica (deductiva) se ha vuelto tan respetable que en algunas universidades cursarla puede bastar para satisfacer el requisito de matemáticas. Pero la lógica simbólica es, en gran medida, la formalización de patrones de razonamiento que se consideraban intuitivamente válidos desde hace miles de años. El problema radica en la propia formalización. El problema para la lógica inductiva, por otra parte, reside en demostrar que lo que se ha considerado falaz puede convertirse en un cálculo adecuado refinándolo aún más. En cualquier caso, una caracterización de la lógica inductiva ("logica de la confirmación,") es bastante difícil. En el Apéndice consideraré algunas de tales caracterizaciones y daré razones para ser pesimista al respecto. Y, para colmo de males, en el capítulo 6 explicaré por qué la lógica deductiva utilizada por los filósofos no se aplica a la ciencia, e incluso a la vida real, de hecho.

Una segunda opción, sin embargo, es argumentar que los inductivistas se equivocaron de método científico. El rol de las pruebas no es apoyar directamente las teorías, sino algo totalmente distinto. Puede ser, pongamos por caso, que el rol de las pruebas consista en refutar las teorías. Abordaré esta opción en el próximo capítulo.

REFERENCIAS

Bacon, F. (1620). *Novum Organum.*

Carnap, R. (1939). *Foundations of Logic and Mathematics* en *International Encyclo-pedia of Unified Science,* Vol. I, No. 3. University of Chicago Press.

Carnap, R. (1945a). "On Inductive Logic," en *Philosophy of Science,* Vol. 12.

Carnap, R. (1945b). *The Two Concepts of Probability* in *Philosophy and Phenomeno-logical Research,* Vol. 5, No. 4.

Carnap, R. (1947). "On the Application of Inductive Logic" en *Philosophy and Phenomenological Research*, Vol. 8.

Carnap, R. (1956). (1947). *Meaning and Necessity: A Study in Semantics and Modal Logic*. University of Chicago Press.

Carnap, R. (1950). *Logical Foundations of Probability*. University of Chicago Press.

Carnap, R. (1952). *The Continuum of Inductive Methods*. University of Chicago Press.

Carnap, R. (1963). "Intellectual Autobiography," en Schlipp, P.A (ed.) *The Philosophy of Rudolf Carnap, Library Of Living Philosophers* Vol. XI, Open Court.

Carnap, R. (1966). *Philosophical Foundations of Physics*. Martin Gardner, ed. Basic Books.

Carnap, R. (1971). *Studies in Inductive Logic and Probability, Vol. 1*. University of California Press.

Descartes, R. (1911). *Discourse on Method* en *The Philosophical Works of Descartes*, E.S. Haldane y G.R.T. Ross, trad. Cambridge University Press. Publicación original en 1637.

Descartes, R. (1983). *Principles of Philosophy*. V.R. y R.P. Miller, trad. Reidel. Publicación original en 1644.

Herschel, J. (1831). *Preliminary Discourse of Natural Philosophy*.

Hershey, D. (2003). "Misconceptions about Helmont's Willow Experiment." *Plant Science Bulletin*. The Botanical Society of America. Vol: 49, No. 3.

Hume, D. (1967). A Treatise of Human Nature. Oxford University Press. Publicación original en 1740.

Hume, D. *(1777). [1748]. An Enquiry Concerning Human Understanding. London: A. Millar.*

Lakatos, I. (1980). *Mathematics, Science and Epistemology*. Philosophical Papers. Vol: 2. Cambridge University Press.

Popper, K. (1959). *The Logic of Scientific Discovery*, traducción de *Logik der Forschung*. Hutchinson.

Popper, K. (1963). *Conjectures and Refutations: The Growth of Scientific Knowledge*. Routledge.

Rorty, R. (1979). *Philosophy and the Mirror of Nature*. Princeton University Press.

Toulmin, S. y Goodfield, J. (1962). *The Architecture of Matter*. Harper & Row.

Wilson, E. B. (1952). *An Introduction to Scientific Research*. McGraw-Hill.

CAPÍTULO 3
LOS PELIGROS DE REFUTAR TEORÍAS

PRIMERA VERSIÓN DEL FALSACIONISMO

Millones de predicciones se derivan fácilmente de la ley de la gravitación de Newton. Por ejemplo, si cojo un libro y lo suelto, el libro caerá al suelo. Pero esto no aportará gran cosa a favor de la ley de Newton. La razón es que muchas otras teorías, o simplemente el sentido común, podrían haber predicho que el libro caería al suelo. Una prueba real de la ley de Newton ocurre cuando la utilizamos para hacer predicciones intrépidas, predicciones que su rival difícilmente podría igualar. Por ejemplo, Halley utilizó la ley de la gravedad de Newton, y otras bases de la física de Newton, para calcular que cierto cometa, ahora llamado cometa Halley, regresaría cada 76 años. Como en esa época no se aceptaba que los cometas fueran fenómenos astronómicos, y mucho menos que regresaran, sólo la física newtoniana pudo convertir la reaparición programada del cometa en algo más que una asombrosa coincidencia.

En este sentido, la teoría de Newton se la juega donde otras no, es verificable en áreas donde otras no lo son y nos dice cosas sobre el mundo que otras no pueden. Este experimento, y muchos otros igual de interesantes, impresionaron a los físicos de la época (o filósofos naturales, como se llamaban a sí mismos). Eso sí, al hacer hipótesis audaces, la teoría de Newton corría un gran riesgo de chocar con la experiencia y, por tanto, según algunos, de resultar errónea.

Resulta tentador sacar dos conclusiones en este punto. La primera es que, aunque los hechos no pueden demostrar las teorías, sí pueden refutarlas. Si una teoría contradice los hechos, es falsa. En torno a esta idea podemos construir una versión más sensata del método científico: idear teorías audaces y que nos digan más sobre el mundo que sus rivales. Si las predicciones fallan, rechace la teoría y busque otra. La segunda lección es que el apoyo que damos a nuestra teoría es sólo provisional, por más que supere las pruebas más adversas. Después de todo, la opinión de Newton se rechazó en favor de la de Einstein.

El objetivo del científico, según este método, es desarrollar teorías que puedan ponerse a prueba, o sea, poner una teoría en una situación de riesgo en la que pueda demostrarse que es falsa. Una teoría que fracasa en el ensayo se dice que ha sido falsada, de ahí que este método se denomine falsacionismo. Los ensayos rigurosos eliminan la paja y la flaqueza de la ciencia. Atrás queda la timidez inductivista, el miedo a salirse del camino de los hechos. Sólo asumiendo riesgos conoceremos la naturaleza. Aprender de la experiencia es aprender de nuestros errores.

Algunos académicos se sienten incómodos con el falsacionismo porque piensan que no da suficiente apoyo a la tecnología. Piensan que la tecnología debe utilizar aquellas partes de la ciencia consideradas fiables; no puede permitirse probar principios cuestionables en el diseño de sus aviones comerciales o en el equipo de una mesa de operaciones. La hipótesis más audaz difícilmente será la base más adecuada para la seguridad de los pasajeros, los pacientes y los consumidores en general. El inductivismo, por el contrario, pretende determinar el grado de apoyo; si fracasa, aparentemente nos quedamos sin la base necesaria para la tecnología.

Aun así, el falsacionista puede alegar que su método es bastante superior en este aspecto al del inductivista. Y es que sólo da su apoyo provisional después de haber realizado pruebas muy estrictas, sólo después de agudizar el ingenio y trabajar para hallar la manera de demostrar que las hipótesis y las teorías en cuestión son falsas. Sólo cuando han fracasado todos sus intentos de falsificación, da su aprobación. Este es precisamente el tipo de enfoque que se prefiere cuando la confiabilidad tecnológica es un bien escaso. El diseño de una nave espacial, por ejemplo, debería implicar la consideración de todas las cosas que podrían salir mal; los prototipos se someten a las pruebas más rigurosas y, a veces, imaginativas; las simulaciones se llevan a cabo en la nave real tanto como sea posible, etc. Intentamos que las cosas fallen, desde el primer diseño hasta poco antes de que la nave espacial despegue. Sólo después de trabajar duro e ingeniosamente con ese fin nos sentimos bastante seguros de que la nave espacial sea tan confiable como necesitamos, siempre y cuando haya superado todas las pruebas. Incluso entonces, nuestra confianza es sólo tentativa: nos damos cuenta de que, a pesar de nuestros esfuerzos, es posible que hayamos pasado por alto alguna forma posible de que se produzca un desastre. Al igual que en el ámbito científico, es la búsqueda despiadada del fracaso lo que permite la aceptación (temporal) de la tecnología. Cuando olvidamos esta lección, flirteamos con el desastre.

Al parecer, eso fue precisamente lo que ocurrió en la explosión del transbordador espacial Challenger, que mató a siete astronautas y paralizó el programa espacial estadounidense. Si la NASA hubiera mantenido su política de siempre, hubiera insistido en no confiar en ciertas piezas hasta que no se hubieran probado su fiabilidad en condiciones en las que los ingenieros sospechaban que había muchas posibilidades de que fallaran (los tristemente célebres anillos "O" que debían sellar los gases calientes del interior de los propulsores de combustible, pero que perdieron su elasticidad con el frío y dejaron escapar las llamas que hicieron estallar el tanque principal). En su lugar, le exigieron a los ingenieros que les dieran razones, sin las pruebas, de por qué no se podía confiar en los componentes. Cuando se las dieron, NASA no las encontró tan alarmantes. Unos pocos experimentos podrían haber sido más persuasivos, pero por desgracia, NASA perdió la paciencia para ese tipo de cosas. En su lugar, tuvieron que conformarse con una prueba a gran escala durante el propio vuelo. El precio no pudo ser más alto.

Una vez analizada esta simetría de enfoque en la ciencia y la tecnología, volvamos a cómo aplica el científico el método de falsación. Según el falsacionismo, no es necesario que sólo se propongan hipótesis que reflejen la práctica habitual, aunque esas hipótesis puedan tener una mayor verosimilitud al principio. Según esta opinión, se puede proponer cualquier hipótesis o teoría para su estudio siempre que sea verificable. El origen no importa, serán las pruebas las que decidan al final el destino de la teoría o hipótesis. Las ideas científicas pueden surgir de sueños, visiones, ensayo y error, conjeturas fundadas, incluso a partir de hechos generalizados. Pero la aceptación es un tema totalmente distinto. Sólo las estructuras teóricas que han sobrevivido al yugo de la falsificación se quedan — no porque sean verdaderas, sino porque no hemos logrado demostrar que son falsas.

Pongamos por ejemplo a una física de partículas, Lisa. Supongamos que Lisa detecta una interacción confusa entre dos partículas subatómicas. Puede pensar, según el método habitual en su campo, que una tercera partícula puede ser la responsable de esta interacción, y postular la existencia de una nueva partícula con las propiedades adecuadas para explicarla. Articularía así su hipótesis estimando la carga, la masa, el espín, etc. de su partícula. Y después se pondría a buscarla. Una buena forma de hacerlo sería examinar fotografías de cámara de burbujas de reacciones en las que podría aparecer la nueva partícula (**Figura 3.1**). Una cámara de burbujas es un recipiente lleno de un líquido casi en ebullición. El desplazamiento de las partículas cargadas por el líquido, ionizan las moléculas. La linea de burbujas resultante marca la trayectoria de la partícula. Con esto, el investigador puede determinar la carga, la masa y otras características de las partículas resultantes de la reacción. Cuanto más masiva sea una partícula, menos será desplazada por los campos magnéticos de la cámara. Para que la hipótesis se acepte provisionalmente, deben aparecer en la cámara de burbujas rastros fotográficos con el ángulo, la dirección y la duración previstos para la nueva partícula. En caso contrario, la hipótesis se rechaza. El científico propone y la Naturaleza dispone.

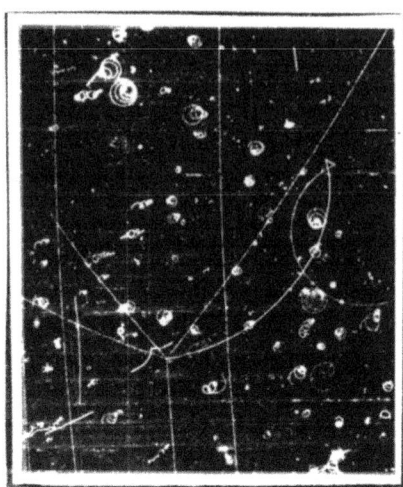

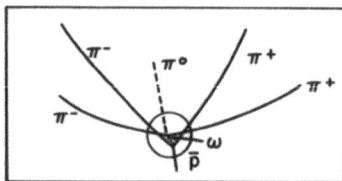

Vértice ampliado unas 10^2 veces

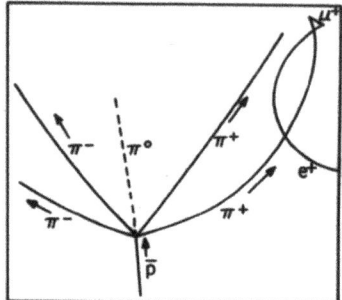

Una aniquilación p con cuatro piones cargados y un pión neutro consistente con la producción de un mesón omega

Figura 3.1. Cortesía del Laboratorio Nacional Lawrence Berkeley. © 2010-2019. The Regents of the University of California, Lawrence Berkeley National Laboratory.

Hay ocasiones en las que dos hipótesis contrapuestas parezcan coherentes con los datos disponibles. El científico ha de elaborarlas hasta que algunas de sus predicciones se contradigan. Si es así, realizamos un *experimento clave* para decidir entre los dos. A principios del siglo XIX, existían dos posturas principales sobre la luz. Según los Newtonianos, la luz era corpuscular; según sus oponentes, la luz consistía en ondas transversales. La teoría corpuscular de la luz predecía que la velocidad de la luz aumentaría en el agua, mientras que la teoría ondulatoria predecía justo lo contrario. El físico francés Foucault constató con experimentos que la velocidad de la luz disminuye en el agua, refutando así la teoría corpuscular. (Que la teoría de ondas fuera abandonada en la primera parte del siglo XX sólo sirve para subrayar una vez más que las teorías sólo pueden aceptarse de forma provisional.)

El falsacionismo devuelve el encanto de la aventura a la ciencia: una creatividad audaz unida a un cuestionamiento despiadado. Nuestro científico es un explorador de lo desconocido. Lisa es de mente abierta, está dispuesta a aceptar sugerencias atrevidas; pero también es de mente cerrada, porque está en disposición de desechar el fruto de sus esfuerzos si no supera la crítica de la experiencia. Además, este método parece tener dos ventajas claras sobre el método de inducción. Uno de los problemas del método de inducción es que la mayoría de las teorías propuestas han sido rechazadas, a pesar de que muchas de ellas presumiblemente habían avanzado de acuerdo con el método "cientifico". Con el método de falsación ese eterno problema parece menos grave: las teorías sólo se sostienen tentativamente; los ensayos terminan por obligarnos a renunciar a ellas. Otro problema era que el modo de inferencia de la inducción era falaz. No ocurre lo mismo con la falsación. Tomemos el último ejemplo como referencia.

Si la luz es corpuscular entonces viajará más rápido en el agua que en el aire.

La luz no se desplaza más rápido en el agua.

Por tanto, la luz no es corpuscular.

La estructura de este argumento es perfectamente válida. De hecho, este *modo de inferencia* se usa en prácticamente todos los libros de texto de lógica (*modus tollens* en latín).

Al igual que el método de falsificación da al científico consejos sobre lo que debe hacer, también da a Lisa consejos sobre lo que no debe hacer. Si la crítica está en el corazón de la racionalidad científica, el peor pecado que puede cometer una científica es presentar sus puntos de vista de tal forma que no puedan ser criticados (probados). Por ello, no debería estar permitido modificar ninguna hipótesis con el propósito específico de salvarla de la refutación (una maniobra denominada *ad hoc*). Hasta el descubrimiento del oxígeno (por Lavoisier y otros), algunos estudiosos se aferraron a la antigua visión de la combustión. Según una versión de ese punto de vista, las cosas tienen una sustancia llamada flogisto que se separa en el momento de la combustión. Un trozo de madera que se quema durante mucho tiempo pierde mucho flogisto y, en consecuencia, se reduce a cenizas. Sin embargo, se descubrió que a ciertas temperaturas, los metales se oxidan y ganan peso. Pero algunos teóricos del flogisto preferían el ad hoc a la preocupación: el flogisto de los metales tiene un peso negativo, decían, y por tanto cuando un metal pierde su flogisto en la combustión gana peso. Apelar a este tipo de jugada salvadora puede blindar para siempre la teoría frente al veredicto de la experiencia.

CRÍTICA AL FALSACIONISMO

Este método apela a las intuiciones de muchos científicos en activo. Pero, al menos en esta versión, es insostenible, como dejará claro un poco de indagación. Reconsideremos el ejemplo del cometa Halley. Halley hizo un registro detallado de la trayectoria del cometa. Basándose en esta trayectoria y en la física de Newton, pudo calcular la órbita del cometa y predecir cuándo regresaría. Pero, ¿qué era relevante para sus cálculos? Entre otras cosas, tuvo en cuenta las influencias gravitatorias de otros cuerpos sobre el cometa, principalmente la del Sol, ya que las fuerzas que mueven al cometa en su órbita son gravitatorias. El cometa y esos otros cuerpos forman juntos un sistema. A partir de un determinado estado de ese sistema, Halley pudo predecir cómo sería un estado futuro del sistema. Pero observe que la predicción no se cumple a menos que supongamos que *nada interfiere* en el sistema, como señaló Imre Lakatos (1970).

Me explico. Los cometas suelen tener órbitas muy largas que les llevan a los confines del sistema solar. En su largo viaje, el cometa Halley podría haber pasado cerca de Neptuno y esto habría falseado la predicción de Halley. La gravedad de Neptuno habría sacado al cometa Halley de su órbita porque Neptuno es un planeta muy grande y el cometa Halley apenas tiene unos kilómetros de diámetro. Pero Halley no pudo tenerlo en cuenta por la sencilla razón de que Neptuno aún no había sido descubierto. Había muchos otros factores posibles que, con un poco de mala suerte, habrían alejado al cometa de su famosa vuelta señalada. Y la cuestión es que la predicción habría fallado aunque la hipótesis de Halley – que el cometa se comportaría de acuerdo con la física de Newton – fuera correcta.

Está claro que la predicción de Halley supone que ningún otro factor aparte de los que él consideró afectarían al estado futuro del sistema. Es decir, la predicción requiere que el sistema esté cerrado a interferencias externas. Este es el caso de la mayoría de las predicciones científicas. Esperamos un determinado acontecimiento sobre la base de una teoría, *en igualdad de condiciones*. Entonces, ¿cuál es el problema para el método de falsación? El problema es que cuando la predicción falla no podemos culpar a la teoría, ya que las cosas podrían no haber sido iguales: Algo podría haber interferido en el sistema.

Supongamos que Neptuno hubiera sacado al cometa Halley de su órbita. La predicción de Halley habría fracasado, pero no habría que culpar a su hipótesis. El modo de inferencia del falsacionismo no puede ser entonces tan sencillo como suponíamos antes.

Se tienen que dar tres circunstancias para hacer la predicción:

Si (1) el cometa se comporta según la física de Newton

Y (2) la trayectoria del cometa a través del sistema solar en 1682 ha sido correctamente calculada,

Y (3) sólo el sol y los planetas (por entonces conocidos) afectarán a la órbita del cometa

Entonces (4) el cometa volverá en diciembre de 1758.

Pero si Neptuno (que en esa época era desconocido) hubiera interferido, el cometa no habría regresado en esa fecha.

Por lo tanto, habría algo falso. ¿Pero qué? Señalar con el dedo a la teoría seguramente sería arbitrario. Y erróneo. En este caso, el fallo fue causado por la violación del requisito (3).

Ahora podemos ver que cuando se trata de la práctica de la ciencia, el presunto modo de razonamiento válido del falsacionismo, *modus tollens*, no es aplicable. Por tanto, la aparente ventaja sobre el inductivismo se esfuma.

Estos simples puntos complican las cosas para el falsacionismo hasta el extremo. Volvamos a los experimentos cruciales para decidir entre dos teorías contradictorias. En una famosa disputa entre Pasteur y Pouchet, se apeló a un experimento crucial. Pasteur sostenía que la materia viva sólo podía proceder de la materia viva, mientras que Pouchet pensaba que la adición de oxígeno a la materia inerte daría lugar a organismos vivos (eran los tiempos en que algunos creían que los gusanos brotaban de la carne putrefacta y las ratas de la basura). Los contendientes acordaron llevar heno en un frasco sellado a un punto elevado de los Alpes, donde se abriría el frasco y su contenido podría reaccionar con aire puro. Se pensó que a esa altitud habría poco polvo, reduciendo así la posibilidad de que la materia viva transportada por el polvo contaminara el montaje experimental. La sustancia elegida, heno seco, se consideraba materia muerta, y había sido cuidadosamente hervida para matar cualquier organismo vivo adherido a ella. El experimento se llevó a cabo, ¡y al cabo de un tiempo se encontró moho en el matraz! El bando de Pouchet se atribuyó la victoria, por supuesto. Pero Pouchet estaba equivocado. Había dos hipótesis auxiliares importantes en el diseño del experimento. Una se refería a la cantidad de polvo a la altitud elegida; la otra requería que el heno fuera inerte. Resulta que el heno contiene esporas, y las esporas son del tipo que puede sobrevivir al agua hirviendo sólo para ser activadas por el oxígeno en las condiciones del experimento crucial. Puede que los experimentos cruciales no sean tan decisivos después de todo.

Los consejos a los científicos sobre qué hacer en caso de falsificación resultan demasiado simplistas. Lo mismo ocurre con los consejos sobre lo que no se debe hacer. El falsacionista cree que nada puede estar más alejado del espíritu científico que las maniobras *ad hoc* para salvaguardar una teoría que entra en conflicto con la experiencia. Pero veamos cómo habría servido este consejo falsacionista a los artífices de la historia científica. Según la visión copernicana, por ejemplo, la Tierra orbita alrededor del Sol. Si esto es así, razonó el famoso observador del siglo XV Tycho Brahe, las posiciones de las estrellas entre sí deberían cambiar vistas desde la Tierra en distintos puntos de su órbita. En otras palabras, las estrellas deberían mostrar lo que se denomina "movimiento de paralaje." Pero ni Tycho Brahe ni nadie fue capaz de detectar dicho movimiento hasta pasados 150 años (y entonces sólo con instrumentación mucho más potente). Tal fracaso llevó a Brahe a rechazar el sistema copernicano. Su conclusión concuerda con el método de la falsificación: El movimiento de paralaje es una consecuencia lógica del punto de vista heliocéntrico (véase la **Figura 3.2**), pero no puede encontrarse, por lo que el punto de vista queda refutado. La misma objeción se había dirigido contra Aristarco, un precursor griego de Copérnico, casi dos milenios antes.

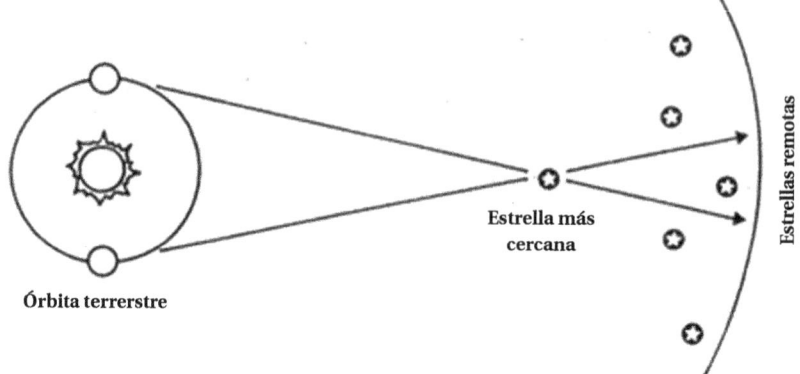

Figure 3.2. Movimiento de paralaje.

La posición de la estrella cercana respecto a las estrellas lejanas cambiará (vista desde la Tierra) en función de la órbita terrestre desde la que se realice la observación. Se puede hacer un argumento similar incluso si se supone que todas las estrellas están fijas en la envoltura de la misma esfera.

¿Cómo preservaron los copernicanos su punto de vista de la refutación? Propusieron la idea de que el universo era mucho más extenso de lo que Tycho había supuesto. Inmensamente más grande, ya que si el movimiento de paralaje de las estrellas pasaba desapercibido, entonces el tamaño de la órbita terrestre sería insignificante en comparación con la distancia a las estrellas fijas, del mismo modo que un hombre que camina en círculos alrededor de su escritorio en su estudio puede notar los cambios relativos de posición de las sillas y las estanterías de la habitación, pero no puede detectar ninguno de esos cambios en una línea de árboles que puede ver a lo lejos a través de su ventana. Ahora creemos que los copernicanos tenían razón. Pero en aquella época, la idea le parecía inconcebible a Tycho, pues para los estándares de su época el eje propuesto de la órbita de la Tierra estaba ya a una distancia extraordinaria. Además, y este es el punto más importante, no podía ver ninguna motivación para avanzar en esta noción excepto salvar el punto de vista copernicano de la refutación. Tycho podía distinguir una jugada ad hoc cuando la veía.

Para zanjar el asunto, Tycho Brahe también argumentó que si el universo tuviera el tamaño copernicano, ¡las estrellas no podrían verse! Su argumento se basaba en una relación entre el tamaño de las estrellas y su brillo aparente. Hoy sabemos que Tycho se equivocaba al suponer que el brillo percibido de un punto luminoso sobre un fondo oscuro puede decirnos mucho sobre el tamaño de su fuente. Pero hasta donde se podía saber en aquella época, Tycho tenía razón. Los copernicanos no tenían ninguna refutación convincente que ofrecer. Con el tiempo su corazonada quedó justificada. Pero su oportunidad tuvo que comprarse al precio de despreciar el ideal falsacionista de la ciencia. Las maniobras a*d hoc* salvaron el punto de vista copernicano de la refutación y le dieron así el respiro que necesitaba para desarrollarse y acabar demostrando su superioridad.

Estas objeciones son demoledoras, pero quedan dudas persistentes. ¿Acaso los movimientos ad hoc no son a veces sencillamente erróneos? ¿Y no está claro, al menos en ocasiones, que algunos puntos de vista deben rechazarse? ¿Nos hemos tomado el método de falsación demasiado al pie de la letra? Quizá con algunas modificaciones sensatas, cumpla la función para la que fue concebido. Pero antes de modificar el método, hagamos balance del obstáculo más insólito a sortear.

LA RUPTURA DE LA DISTINCIÓN ENTRE TEORÍA Y HECHO

El método de falsación es ante todo empirista: Comparte con el inductivismo la creencia de que la teoría debe someterse al juicio de la experiencia. Los hechos pueden apuntalar o demoler las teorías; se supone que ése es el corazón mismo de la ciencia. Averiguar cómo es el pan de cada día de la filosofía de la ciencia. Colocar la teoría por delante de los hechos es pecar contra la ciencia y la filosofía.

Pero, ¿por qué debería ser así? ¿Por qué debería la experiencia juzgar a la teoría? Aparentemente, porque la experiencia puede ser fiable, mientras que es bien sabido que teorizar sin control la mayoría de las veces nos lleva por mal camino. Por supuesto, también es bien sabido que nuestra experiencia se equivoca a menudo. La gente ve brujas extraterrestres que sobrevuelan pueblos adormecidos y monstruos que se agitan en el fondo de los lagos. Y hace tiempo que se reconoce que los prejuicios pueden distorsionar la observación. Pero se supone que un observador normal en condiciones normales dará informes del mundo lo suficientemente fiables, como pensaba Aristóteles hace miles de años. Lo suficientemente fiables, es decir, como para exigir que la teoría se ajuste a ellos. Si son fiables porque son representaciones verdaderas del mundo o porque satisfacen algún otro sentido sofisticado de la fiabilidad es una cuestión discutible. Ciertamente, el observador normal también debe ser imparcial, cuidadoso, etcétera. Como señalé en el capítulo 2, el empirismo comienza con un acto de purificación. También podemos exigir que los informes sean intersubjetivos (p. ej, realizados por diversos observadores). En cualquier caso, estos informes constituyen la sólida base empírica con la que deben medirse las teorías.

Es precisamente en este punto donde la nueva filosofía histórica de la ciencia ha lanzado su mayor ataque contra el empirismo. Lo que han hecho Thomas Kuhn, Paul Feyerabend y otros es socavar la solidez de la base empírica. Pero su ataque no debe confundirse con el escepticismo tradicional. El nuevo desafío no puede ser ignorado con tanta seguridad como lo han sido las preocupaciones epistemológicas tradicionales.

Tales preocupaciones tradicionales tienen a veces el aire de meros pasatiempos intelectuales. Prácticamente todo el que entra en una clase introductoria de filosofía aprende pronto todo tipo de argumentos en el sentido de que no podemos "confiar" en nuestros sentidos. Muchos de esos argumentos generalizan a partir de observaciones realizadas en condiciones anormales y, por tanto, son aparentemente irrelevantes para una postura que considera que las observaciones realizadas por observadores normales en condiciones normales constituyen una base empírica sólida para la ciencia. No obstante, el arsenal de los escépticos es formidable y la indagación sobre la justificación de nuestros informes sobre el mundo no cesa. Los filósofos han sugerido una amplia gama de soluciones: desde la bondad del Dios de Descartes, que no soportaría que nos engañáramos sobre el mundo cuando estamos haciendo nuestro mejor cartesiano esfuerzo, hasta una evolución igualmente bondadosa que ha adaptado nuestras facultades perceptivas al mundo. Generación tras generación de filósofos han criado al dragón del escepticismo sólo para alancear su corazón con la razón. Pero la siguiente generación de filósofos se encuentra con que debe matar de nuevo al mismo dragón.

¿Debería esta controversia interesar al científico, salvo quizá como un ejercicio intelectual inofensivo? El científico puede argumentar sensatamente que no debería. El escepticismo que preocupa a los filósofos sostiene que es lógicamente posible que las afirmaciones más sólidas sobre el mundo sean falsas, donde "lógicamente posible" no significa "razonable suponerlo" sino simplemente que no hay contradicción en imaginarlo así.

Como señaló Descartes (1641), incluso el simple hecho de darse cuenta de que está en su estudio, leyendo frente al fuego, podría ser erróneo porque sólo *podría estar soñando* que está en su estudio, leyendo frente al fuego. Pero entonces parecería que los científicos dejan que los filósofos pierdan el sueño por esta preocupación. A Murray Gell-Mann, por ejemplo, le habría parecido ridículo argumentar que una hipótesis concreta sobre los quarks no habría sido realmente desmentida porque es *lógicamente posible* que no esté leyendo realmente los resultados negativos de un experimento crucial de colisión de partículas, ¡sino que sólo los esté soñando!

Las dudas que plantea la nueva filosofía de la ciencia contra la solidez de la base empírica son de un tipo muy diferente. Las metodologías empíricas parecen asumir que existe una clara distinción natural entre teoría y observación. Sin tal distinción, sería difícil imaginar por qué una debería tener prioridad sobre la otra. Y sin la prioridad de la observación, el empirismo se derrumbaría. Pero, ¿no es la distinción entre teoría y observación perfectamente obvia? La observación cuidadosa es el medio por el que la experiencia se convierte en hecho. Si la distinción no se mantiene, podríamos simplemente sustituir los hechos que contradicen nuestra teoría favorita por otros "hechos" más de nuestro agrado, y eso suena simplemente absurdo.

Tal vez sea así. No obstante, observemos de cerca, siguiendo aproximadamente los aspectos más destacados que Feyerabend sugiere en su *Contra el Método* (1978), la forma en que esta distinción se desarrolló en la revolución científica llevada a cabo por Copérnico y Galileo, supuestamente el primer gran triunfo del empirismo.

La opinión de que la Tierra se mueve puede parecer hoy de sentido común para muchos de nosotros. Pero eso sólo se debe a que somos herederos de una revolución del pensamiento científico. Cuando se libró la batalla, la victoria no fue nada fácil. Entre las muchas objeciones contundentes contra el movimiento de la Tierra quizás el Argumento de la Torre, presentado por Aristóteles, en su obra *Sobre los Cielos*, casi 2.000 años antes, era el más fuerte de todos. Dice así. Supongamos que usted suelta una piedra desde lo alto de una torre alta (véase **Figura 3.3**). Si el mundo se mueve, para cuando la piedra toque el suelo, la torre, al estar clavada en la Tierra, se habrá movido considerablemente (en aquella época, la velocidad de rotación de la Tierra se habría calculado en unas 1.000 millas por hora). Por tanto, habrá una diferencia perceptible entre las distancias inicial y final de la piedra a la torre. Pero cuando miramos realmente, ¡no hay prácticamente ninguna diferencia! Vemos claramente que la piedra cae directamente hacia abajo. Para que la distancia se mantuviera constante, si la Tierra se moviera, la piedra tendría que caer en una trayectoria parabólica que cualquier tonto con una vista incluso inferior a la media puede ver que no es así. Por lo tanto, es tan claro como puede serlo que la Tierra no se mueve. La idea de que sí lo hace no tiene sentido.

No sirve de nada hablar de la gravedad y cosas similares, ya que los conceptos apropiados no se desarrollaron hasta años más tarde, y entonces en parte como resultado del éxito de Galileo. Ante el Argumento de la Torre, ¿qué podía decir Galileo? En primer lugar, en "La Segunda Jornada" de sus *Diálogos Concernientes a los Dos Principales Sistemas Mundiales* (1632), hizo que el argumento en contra de su punto de vista fuera lo más sólido posible. Por ejemplo, cañones iguales disparando al este y al oeste enviarán sus balas prácticamente a la misma distancia, pero si la Tierra se moviera, el cañón que dispara al este debería llegar mucho más lejos. Si se dispara un cañón directamente hacia arriba y la Tierra se mueve, para cuando la bala de cañón caiga al suelo, el cañón debería haberse desplazado una gran distancia y la bala de cañón golpeará el suelo lejos de él; pero obviamente no es así: la bala de cañón caerá directamente hacia abajo, hacia el cañón. Galileo reconoce entonces que *todos los experimentos* están del lado de Aristóteles. Esto complace enormemente a Simplicio, el representante de Aristóteles en el diálogo, que dice con admiración a Salviati, el representante de Galileo, que parecería "una hazaña imposible contradecir experiencias tan palpables". Si estos experimentos fueran falsos, pregunta Simplicio, "... ¿qué demostraciones verdaderas fueron alguna vez más elegantes?" (73).

Es toda una admisión por parte de alguien a quien se presenta como el inventor del método empírico o científico en el primer capítulo de muchos libros de texto de ciencias, por su presunta insistencia en que la observación y la experimentación deben tener prioridad sobre la teoría. Según la *Tercera Ley para el Razonamiento en Filosofía* de Newton (1687, en aquella época la gente no hacía distinciones entre ciencia y filosofía), las cualidades de los cuerpos determinadas por la experimentación deben considerarse universales, por lo que el buen filósofo (natural) no considera relatos alternativos de los fenómenos: "Ciertamente no debemos renunciar a la evidencia de los experimentos en aras de sueños y vanas ficciones de nuestra propia invención." (146)

Sin embargo, Galileo sostiene hipótesis contrarias a tan poderosos resultados experimentales (contrario a la Regla III) y sin haber producido ningún "otro fenómeno" (según la Regla IV), p.ej., ninguna nueva observación o resultado experimental. ¿Qué hizo Galileo en su lugar? *Ofreció un argumento teórico.* Comienza planteando lo que puede parecer una pregunta tonta: ¿Cómo sabemos que la roca cae verticalmente? Lo vemos, obviamente, como señala Simplicio ("por medio de los sentidos"). Pero, ¿y si la Tierra rotara? ¿Cómo se movería entonces la roca? La jugada de Galileo anticipa aquí el consejo de Feyerabend de imaginar "*un mundo onírico para descubrir los rasgos del mundo real que creemos habitar*" (1993, 32). Salviati da la respuesta: El movimiento sería entonces un compuesto de dos movimientos, "uno con el que mide la torre y otro con el que la sigue" (77). El movimiento real sería, pues, un compuesto de un movimiento vertical y otro circular (ver **Figura 3.4**). Por supuesto, esto está implícito: sólo observamos el movimiento vertical, ya que compartimos, con la roca y la torre, el movimiento de la Tierra. Unas páginas antes, Galileo había señalado que cualquier movimiento que pueda atribuirse a la Tierra "debe permanecer necesariamente imperceptible para nosotros... ya que, como habitantes de la Tierra, participamos en consecuencia de los mismos movimientos" (69).

De ello se deduce que *viendo* el movimiento de la piedra "no se podría decir con seguridad que describe una línea recta y perpendicular, *a menos que primero se supusiera que la Tierra está quieta*" (77, mi cursiva). Pero si la Tierra permanece quieta es precisamente lo que está en cuestión. Las pruebas aducidas para demostrar que la Tierra está quieta ¡suponen que la Tierra está quieta! Aristóteles, el gran lógico, ha cometido la falacia de la *petitio principii* (77). Sus "hechos" suponían la teoría en cuestión.

En unas pocas páginas y sin aportar una sola prueba empírica nueva, Galileo se deshace de la principal objeción contra la posibilidad misma de que la Tierra gire, creando así el escenario para el triunfo final de la Revolución Copernicana. Al renunciar a las pruebas de los experimentos en aras de un sueño de su propia invención, fue capaz no sólo de descubrir características importantes del mundo que creíamos habitar, sino de demostrar finalmente que tal mundo era en sí mismo un sueño.

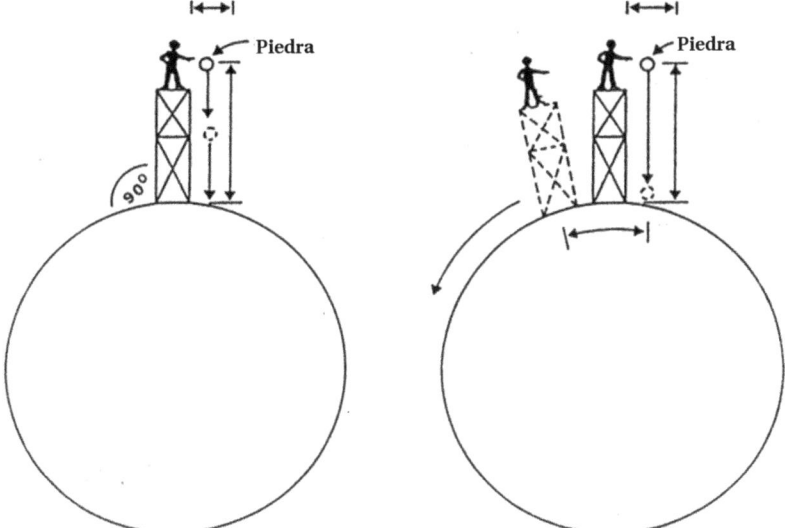

Figura 3.3. Si la Tierra se mueve, la piedra cae lejos de la base de la torre.

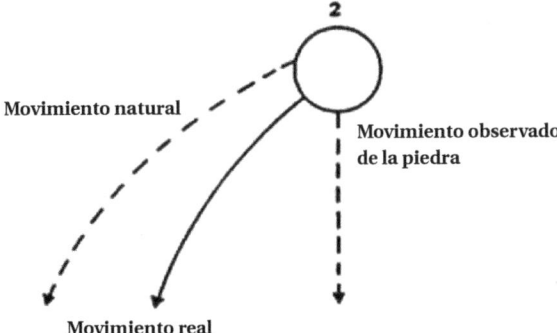

Figura 3.4. La nueva interpretación natural del movimiento de la piedra.

Galileo podía decir, y así lo hizo, que la piedra no cae en línea recta hacia abajo, por muy simple que sea. La piedra sólo *parece moverse así; su movimiento* real es mucho más complicado que eso. Pero esto no tiene sentido, pensó la gente. El movimiento es *movimiento observado*. No es así, dijo Galileo. El movimiento compartido no se observa (el movimiento es relativo). Lo expuso en el siguiente diálogo:

> Salviati:... Imagínese en un barco con los ojos fijos en un punto del asta de la vela. ¿Cree que, como el barco avanza a gran velocidad, tendrá que mover los ojos para mantener la vista siempre en ese punto del asta de la vela y seguir su movimiento?
>
> Simplicio: Estoy seguro de que no necesitaría hacer ningún cambio en absoluto; no sólo en cuanto a mi visión, sino que si hubiera mirado a un mosquete nunca tendría que moverlos ni un pelo para mantenerlos fijo, sin importar cómo se moviera el barco.
>
> Salviati: Y esto ocurre porque el movimiento que el barco confiere al mastil, se lo confiere también a usted y a sus ojos, de modo que no necesita moverlos para mirar la parte superior del mastil, que en consecuencia le parece inmóvil. (Y de los ojos al asta de la vela como si una cuerda estuviera atada entre los dos extremos de la embarcación). Hay un centenar de cuerdas atadas en diferentes puntos fijos, cada una de las cuales mantiene su lugar tanto si el barco se mueve como si permanece inmóvil. (Edición de Modern Library, p. 289).[1]

La razón por la que la piedra cae a esa distancia de la torre es que, como hemos visto, su movimiento real tiene dos componentes: el primero es rectilíneo hacia abajo y lo notamos, el segundo (inercia circular) es compartido con la Tierra, la torre y el observador (nosotros). Por eso no lo notamos; pero está ahí igualmente. Al igual que la torre se movió lateralmente, también lo hizo la piedra. Cuando estamos en un avión que vuela suavemente, no percibimos que el pasajero sentado a nuestro lado y la revista que tenemos en el regazo viajan a 450 millas por hora, aunque sepamos que ambos lo hacen. Sí percibimos el movimiento del asistente de vuelo que sube y baja por el pasillo y el de la bebida que se derrama sobre el hombre somnoliento que tenemos a nuestra izquierda. Percibimos los movimientos que no compartimos pero no nos damos cuenta de los que sí. De este modo, Galileo neutralizó la objeción contra el punto de vista copernicano.

---

[1] He utilizado arriba la edición de Hackett porque M. R. Mathews extrajo los pasajes más esenciales de la crítica crucial de Galileo al Argumento de la Torre de Aristóteles. Pasaje citado por Feyerabend en *Contra el Método* (83).

¿Qué conclusiones podemos sacar entonces sobre el Argumento de la Torre? Según Feyerabend (69-98), la gente observó un fenómeno y lo *interpretó* de la forma que les pareció *más natural*, p.ej., la piedra se *mueve* en línea recta hacia abajo. Era esta *interpretación* "natural" del fenómeno, y no el fenómeno en sí, lo que contradecía la visión Copernicana. Galileo eliminó la contradicción proporcionando un *conjunto diferente de interpretaciones*. Galileo, pues, ¡construyó una nueva base empírica! Esta nueva base empírica, además, está constituida por una *nueva teoría de la interpretación*. Es justo concluir, entonces, que al enfrentarse a hechos que refutaban su teoría, ¡Galileo cambió los hechos!

A simple vista, teníamos un choque entre teoría y facto, claramente que la piedra caiga derecha hacia abajo parecía un hecho, si es que algo lo era. Lo que realmente ocurría era un choque entre una teoría bastante explícita (la de Copérnico) y una teoría encubierta de interpretación. Tras un análisis minucioso, resulta que en lugar de teoría contra hecho, tenemos teoría contra teoría. En cualquier caso, la moraleja principal de la historia es que las observaciones hacen suposiciones teóricas y, por tanto, es arbitrario seguir *siempre* el juicio de la experiencia, por cuidadoso, intersubjetivo que sea, etc. (de nuevo, todos esos requisitos se cumplían en el caso del Argumento de la Torre).

Al empirismo no le sirve de nada afirmar que, puesto que los "hechos" fueron sustituidos, no pudieron ser hechos *reales*. En primer lugar, no tenemos forma de distinguir los reales de las buenas imitaciones. Que la piedra caiga hacia abajo parecía real. En segundo lugar, lo que aportó a Galileo los hechos reales, si podemos conceder en aras del argumento que existen hechos reales, no fue una observación más cuidadosa, ni una experiencia más pura, ni nada por el estilo. Lo que permitió el cambio de base empírica fue un cambio en los supuestos teóricos. Más concretamente, tal y como yo lo veo, Galileo cambió el concepto de movimiento. Sus oponentes, los aristotélicos, habían supuesto que el movimiento era sólo un movimiento observable, es decir, que implicaba un cambio observable de posición a lo largo del tiempo. En la jerga de la filosofía analítica de la ciencia, podríamos decir que los aristotélicos tenían un concepto operacionalista del movimiento (es decir, que un fenómeno contaría como movimiento sólo si podía expresarse en términos de cambios observables). Pero Galileo introdujo en el movimiento componentes que en principio no podían observarse, ya que para él el movimiento compartido no era observable. Y en el caso particular del Argumento de la Torre, uno de esos componentes era la inercia circular, que el observador compartía con la torre y la Tierra (Munévar, 2015).

Tampoco ayudamos al empirismo sospechando que hay algo terriblemente peculiar, poco representativo, en el caso del Argumento de la Torre. Pues la tesis de la distinción entre hecho y teoría no admite excepciones. Y este caso muestra que lo que parecían observaciones sólidas (y, por tanto, "hechos" empíricos) están incrustados en la teoría, mediante un ejemplo real. Mientras sea posible derribar el juicio de la experiencia, nunca se demuestra que una teoría sea falsa. En la ciencia no hay refutación, como tampoco hay prueba.

Además, la historia de la ciencia ofrece muchos casos similares en los que los avances teóricos hicieron poco uso de la más cuidadosa de las observaciones— instancias en las que hechos presuntamente sólidos se muestran como una ilusión. Según la teoría de Prout (hacia 1840), los pesos atómicos deberían ser números enteros (ya que son múltiplos de 1, el peso atómico del hidrógeno). Pero las técnicas más refinadas del siglo demostraron de forma inequívoca que los pesos atómicos de algunas sustancias no eran números enteros— el del cloro era 35,5, por ejemplo. Con la llegada de la teoría atómica de Bohr, casi un siglo después, aprendimos que los pesos atómicos de los elementos están determinados por los pesos totales de los protones y neutrones en el núcleo del átomo. Sin embargo, el número de neutrones de un elemento puede variar. Así, distintas variaciones de un mismo elemento, denominadas isótopos, tendrán pesos diferentes. En el caso del cloro, los isótopos pesarán respectivamente 35 y 36 (lo que, dada su mezcla en la naturaleza, dará como resultado una lectura de aproximadamente 35,5 si se aplican las técnicas estándar del siglo XIX). Aquí tenemos un caso más en el que una teoría chocó con los hechos, pues seguramente las cuidadosas observaciones en cuestión eran tan "factuales" como cualquier observación tiene derecho a serlo. Sin embargo, los desarrollos teóricos nos dieron una nueva forma de interpretar las observaciones problemáticas y la hipótesis de Prout quedó rehabilitada. El peso atómico de cada isótopo del cloro es un número entero. En este caso, la nueva teoría de interpretación procedía de un campo diferente— una rama esotérica de la física, unos ochenta años después del nacimiento de la hipótesis de Prout. Pero una vez que este punto de vista fue adoptado en química, las observaciones arraigadas fueron sustituidas por otras que concordaban con la nueva teoría. Una vez más, la teoría anula el veredicto negativo emitido por la experiencia. Lakatos también presta especial atención al caso de Prout (a partir de la pagina 128).

Volviendo al Argumento de la Torre, quizá resulte irónico que se considere ahora que los aristotélicos, los perdedores, se ciñen a los hechos, exigen conceptos operacionalistas y, en general, defienden el "método empírico". ¿Qué podemos decir ahora del elogio del filósofo a Galileo por preferir sus ojos a su Aristóteles?

Por supuesto, hablemos de la relación entre los puntos de vista de Galileo y los ojos de Galileo. Galileo era un copernicano. La tesis central de Copérnico afirmaba que la Tierra era un planeta más en órbita alrededor del sol. La evidencia de los ojos, por desgracia, refutó esta tesis copernicana. Como bien sabemos ahora, la Tierra y Venus están a veces en el mismo lado del sol, y por tanto bastante cerca la una de la otra; y a veces están en lados opuestos del sol y por tanto muy lejos la una de la otra. Lo mismo puede decirse de Marte, salvo que Marte se aleja mucho más de la Tierra. Parece entonces lógico que Venus y Marte parezcan más brillantes cuando están cerca y más tenues cuando están lejos. Pero la magnitud de Venus apenas cambia, y la de Marte no cambia tanto como debería.

Sin embargo, la admiración de Galileo por Copérnico no disminuyó, a pesar de que Copérnico "con la razón como guía... seguía afirmando resueltamente lo que la experiencia sensible parecía contradecir" (Biblioteca Moderna, 381). La razón, al parecer, puede anular el veredicto de la experiencia. En el caso de Galileo, como nos recuerda Feyerabend (103), se topó con "la existencia de un sentido superior y mejor que el sentido natural y común": el telescopio, que entonces une "sus fuerzas con la razón" (381). En efecto, sus observaciones telescópicas de Marte dieron magnitudes mucho más acordes con la tesis de Copérnico. Y el telescopio demostró que Venus tiene fases. Cuando Venus está más lejos de nosotros, vemos toda su cara iluminada por el sol. Cuando está más cerca, la mayor parte de la cara que nos muestra está oscura. Así, la cantidad de luz que nos llega de Venus permanece lo suficientemente constante como para que nuestro ojo perciba pocos cambios de magnitud.

En esta situación, encontramos un conflicto abierto entre el sentido natural y el artificial. Galileo seguramente lo consideró así. Resolvió el conflicto *negando el testimonio ocular y poniéndose del lado del sentido* que daba la razón a Copérnico, el telescopio. Este conflicto entre sentidos debería disipar cualquier ilusión en el sentido de que los instrumentos científicos se limitan a amplificar y agudizar nuestros sentidos. Pero algunos empiristas pueden sentirse aliviados de que, después de todo, fuera la *experiencia* telescópica la que decidiera la cuestión. Sin embargo, tal alivio es injustificado a menos que puedan demostrar que la experiencia telescópica fue sin duda superior a la del ojo, en lo que concierne a los observadores de la época, *y* que la elección del telescopio sobre el ojo no requiere suposiciones teóricas.

Los empiristas tendrán dificultades en ambos aspectos. La primera dificultad procede del papel del aprendizaje en la observación. Un observador principiante que utilice un telescopio o un microscopio no suele observar nada. Cuando el telescopio se dirige a la luna, el observador no notará nada, o quizás una luz, o varias, no delante de su línea de visión sino casi por el rabillo del ojo. Ésta era, de hecho, una queja habitual de aquellos a los que Galileo pretendía impresionar con su primitivo telescopio. Algunos informes de la época expresan incluso frustración al respecto. Según informa Feyerabend, Horky escribió a su maestro Kepler el siguiente relato de una demostración que Galileo hizo ante veinticuatro profesores en casa de su oponente Magini:

Nunca dormí ni el 24 ni el 25 de abril, ni de día ni de noche, sino que probé el instrumento de Galileo de mil maneras, tanto en las cosas de aquí abajo como en las de arriba. Abajo funciona maravillosamente; en los cielos engaña a uno, ya que algunas estrellas fijas se ven dobles... Tengo como testigos a hombres muy excelentes y a nobles doctores... y todos han admitido que el instrumento engaña... Esto silenció a Galileo y el 26 se marchó tristemente muy temprano por la mañana... ni siquiera agradeció a Magini su espléndida comida... (123).

Esta situación no es tan sorprendente. La percepción hace uso de muchas pistas de fondo para fijar la distancia, la forma, el color y el movimiento. Supongamos, por ejemplo, que pinta un punto grande en su pared empapelada. Usted ve ese punto fijo en un lugar determinado en relación con los dibujos del papel pintado. Pero suponga ahora que ha utilizado pintura fluorescente y que apaga las luces. Lisa entra en la habitación completamente a oscuras y se queda mirando el punto de la pared. Ella verá que el punto se mueve. El movimiento del punto se debe al movimiento de los propios ojos. Normalmente este movimiento, así como los muchos movimientos del cuerpo que cambian la posición de la cabeza y por tanto de los ojos, son descontados por el cerebro. Pero para afinar su funcionamiento el cerebro utiliza muchas pistas. En este caso, sin los puntos de referencia proporcionados por el diseño del papel pintado, el cerebro no tiene ninguna razón particular para concluir que el punto de luz está fijo. Todo tipo de ilusiones perceptivas pueden surgir cuando faltan los tipos normales de pistas de fondo. Esta es la razón por la que Júpiter brillando a través de nubes bajas en el horizonte es uno de los OVNIS más comunes. Y también es la razón por la que los astronautas tienen problemas para estimar la distancia a la que se encuentran los objetos en el espacio. Volviendo a Galileo, el telescopio podía funcionar bien por debajo porque las pistas seguirían estando ahí. Pero mirar al cielo era otra historia. Para empeorar las cosas, el primitivo telescopio de Galileo estaba enfocado para sus ojos (a diferencia de los telescopios actuales, cuyo enfoque puede ajustarse).

Tampoco fue Horky el único que se quejó del telescopio de Galileo. Muchos otros informes similares llevaron a Kepler a escribir a Galileo:

No quiero ocultarle que bastantes italianos han enviado cartas a Praga afirmando que no podían ver esas estrellas (las lunas de Júpiter) con su propio telescopio. Me pregunto cómo puede ser que tantos nieguen el fenómeno, incluidos los que utilizan telescopio. Ahora bien, si tengo en cuenta lo que ocasionalmente me ocurre, no considero en absoluto imposible que una sola persona pueda ver lo que miles no son capaces de ver.... (124).

Los estudiantes de astronomía no tienen tantos problemas hoy en día. Pero está claro que se necesita cierto entrenamiento antes de que uno pueda convertirse en un observador competente. Una persona sin formación en biología dará poco sentido a lo que ve a través de un microscopio electrónico por primera vez (incluso un biólogo novato tendrá problemas). El ojo necesita ser educado para distinguir lo importante del fondo. Por supuesto, algunos observadores vieron a través del telescopio lo mismo que Galileo, y algunos de ellos no simpatizaban con sus puntos de vista. No obstante, la cuestión es que la fiabilidad del telescopio para observar los cielos no era en absoluto evidente en la época de Galileo. A los buenos empiristas les habría parecido razonable confiar en cambio en el testimonio del ojo.

La segunda, y mayor, dificultad para el empirismo, como señala Feyerabend, es que la confianza de Galileo en el telescopio exigía la concesión de varios supuestos *teóricos*. Las imágenes de los cielos viajarían distancias inmensas, entrarían en un medio diferente al chocar con la atmósfera terrestre, se abrirían camino a través del telescopio y, finalmente, serían manejadas por un cerebro que nunca había percibido nada parecido. Para estar seguro de que esas imágenes no estaban significativamente distorsionadas, Galileo necesitaba teorías de apoyo sobre la óptica, sobre la naturaleza de la luz, sobre la atmósfera, sobre la interacción entre la luz y diversos gases, sobre el telescopio y sobre la percepción. Podemos darnos cuenta, entonces, de que no fueron las *observaciones* telescópicas de Galileo las que desafiaron la visión geocéntrica del universo, sino las observaciones de Galileo junto con una gran cantidad de suposiciones de muchas ciencias de apoyo o auxiliares que aún no se habían inventado; y que, por tanto, eran sólo conjeturas teóricas en aquella época. La cuestión crucial era: ¿podría la experiencia por sí sola haber conciliado las magnitudes de los planetas con la tesis de Copérnico? Si por experiencia entendemos experiencia sensorial, la respuesta es no. Si admitimos la experiencia telescópica, debemos recordar que dicha experiencia sólo podía tomarse como fiable si se interpretaba sobre la base de determinadas teorías. La respuesta vuelve a ser no.

Para colmo, la mayoría de las ciencias auxiliares en cuestión no estaban al alcance de Galileo. Algunas de ellas necesitaron cientos de años de desarrollo antes de poder respaldar plenamente las corazonadas de Galileo. Así pues, a un buen empirista de la época, muchos de los supuestos teóricos de Galileo deberían haberle parecido injustificados.

Sin embargo, si adoptamos un enfoque más flexible, la situación no parece tan sombría. Hemos visto que sólo se podía confiar en el telescopio si hacíamos ciertas suposiciones teóricas. Pero el mismo análisis que conduce a este resultado se aplica tanto al ojo como al telescopio. De la discusión sobre el cerebro y la percepción del punto fluorescente podemos discernir que el ojo también es un instrumento. La percepción visual es un proceso complejo en el que el cerebro tiene en cuenta no sólo la "entrada" procedente de la retina, sino también del oído interno y de cientos de músculos esqueléticos (para determinar la posición del cuerpo) *y* de los demás sentidos. Piense en cómo las imágenes vagas se enfocan de repente cuando olemos el aroma particular de una flor en un bosque o escuchamos el gruñido de un perro en una calle oscura.

El cerebro no se limita a "copiar" o "procesar" las formas y los colores que los objetos imprimen en la retina, como podemos comprobar fácilmente observando con qué frecuencia en nuestra percepción visual la forma y el color permanecen constantes. Una vez que hemos identificado un objeto como una manzana roja, tendemos a verlo así aunque lo miremos desde un ángulo extraño y con una luz amarilla (por lo que la frecuencia de la luz que rebota en la manzana e incide en la retina no es la del rojo). Y como veremos más adelante, el cerebro también utiliza la memoria y la imaginación para hacerse sus "imágenes" del mundo.

Que la percepción funcione de estas y otras formas complejas es el resultado de la historia de adaptaciones del cerebro de nuestros antepasados a una variedad de entornos. Y por muy extensa que haya sido esa historia ancestral, es bastante limitada en comparación con la gama de situaciones que considera la ciencia. Por tanto, hasta qué punto se puede "confiar" en los sentidos no es una cuestión que deba determinar únicamente la filosofía. La psicología nos habla de la riqueza y la complejidad de la percepción; la neurociencia puede ayudar a revelar las estructuras que hacen posible esa riqueza y complejidad; y la biología evolutiva puede explicar cómo surgieron esas estructuras y darnos pistas sobre dónde se aplican. Véanse los capítulos 9 y 10.

Tratar de decidir entre el ojo y el telescopio es un asunto muy complicado que implica entonces una gran cantidad de supuestos teóricos. Por supuesto, Galileo no sabía nada de neurociencia, y mucho menos de biología evolutiva. Pero sí se dio cuenta de que la suposición de sus oponentes sobre la fiabilidad de los sentidos tenía que estar respaldada por algún punto de vista sobre la relación entre el mundo y los sentidos. De hecho, ese punto de vista era la teoría de la percepción de Aristóteles, según la cual una mente no perturbada adoptará la "forma" de un objeto siempre que esa forma haya viajado a través de un medio no perturbado. Así es como un observador normal, en condiciones normales, obtendría conocimiento del mundo (*De Anima* II 5 y III 2,). Así pues, tras el choque de los sentidos había un choque de teorías, fueran éstas explícitas o no. Galileo eligió ponerse del lado de las teorías que le prometían los descubrimientos más apasionantes.

Que los sentidos puedan chocar así, me parece, acaba con un sueño acariciado por los filósofos analíticos: las observaciones neutrales (o los lenguajes de observación neutrales, como ellos dirían). Los empiristas acérrimos pueden haber sospechado a lo largo de esta discusión que algunos de los supuestos teóricos en cuestión serían mejores que otros porque finalmente la experiencia (la observación) los respaldaría. Para evitar el problema de si, llegados a este punto, esas observaciones podrían a su vez ser cuestionadas por la teoría, es necesario que sean totalmente neutrales, es decir, libres de mácula teórica. Los candidatos más populares son los informes sensoriales "inmediatos", como las lecturas de los diales y las manchas de color en nuestro campo de visión. Sin duda, un dial marca siete o no lo hace, independientemente de la teoría que uno asuma. Y el observador ve rojo o no lo ve. Pero apliquemos estas nociones al caso del telescopio galileano. Por un lado tenemos las observaciones puramente sensoriales que refutaban la tesis copernicana, por otro lado, tenemos las observaciones (telescópicas) que *concordaban* con la tesis copernicana. ¿Cómo debemos elegir entre ellas? Las manchas de color de la observación a simple vista entran en conflicto con las manchas de color (o lo que sea) de las observaciones telescópicas. Lograr la "neutralidad" no resuelve el conflicto. E incluso si por casualidad ambas partes se ponen de acuerdo en un único conjunto de manchas de color o lecturas de cuadrante, esas observaciones neutrales todavía tienen que ser *interpretadas*. Pero recuerde que en el argumento de la Torre ambas partes *podrían* estar de acuerdo en que la piedra parece caer en línea recta, mientras discrepan en cuanto a su movimiento real y lo que implica sobre el movimiento de la Tierra.

Es importante observar que Galileo no se limitó a tomar atajos metodológicos. No es como si sus corazonadas le hubieran conducido más rápidamente a resultados que otros metodólogos más pacientes habrían alcanzado con el tiempo. En absoluto. Si el método requiere la prioridad de la experiencia, el método habría cerrado para siempre la puerta a una opinión que no podía establecerse sin derrocar la experiencia aceptada. Si, al perseguir una teoría que había sido refutada por la experiencia, Galileo cometió un pecado contra la ciencia y la filosofía, debemos amar no sólo al pecador sino también al pecado.

Debemos observar también que la ruptura de la separación entre teoría y hecho se produce no sólo en los métodos empiristas que hemos considerado hasta ahora, sino en *cualquier* método empirista. Mientras el empirismo dé prioridad absoluta a la experiencia sobre la teoría, no se podrá evitar el problema. Sin embargo, esto no quiere decir que la teoría anule siempre el veredicto de la experiencia. Sin embargo, sí quiere decir que *puede* hacerlo. Y esto es, en ocasiones, todo el estímulo que necesitamos para romper el cerco de la política de seguridad del método. Pues el método no es más que la elaboración de la forma en que la experiencia puede emitir un juicio final sobre la teoría. Pero ahora sabemos que el juez puede convertirse de repente en el condenado. Así, no debemos sobresaltarnos al oír que Einstein, o algún otro científico brillante, mostró poca preocupación por los resultados de experimentos u observaciones aparentemente cruciales. En una de esas ocasiones, cuando le preguntaron a Einstein qué habría pensado si un experimento importante (analizado en el capítulo 7) hubiera desconfirmado su teoría de la relatividad general, respondió: "Entonces tendría que sentirlo por Dios. La teoría es correcta."

REFERENCIAS

Aristotle. (1995). *On the Heavens* II, Ch. 14, 296b7-24. Leggat, S., trad. Liverpool University Press. Escrito alrededor de 350 AC.

Aristotle. (1987). *De Anima* II 5 y III 2. Lawson-Tancred, H., trad. Penguin, Random House. Escrito alrededor de 350 AC.

Descartes, R. (1980). "First Meditation" en *Discourse on Method and Meditations on First Philosophy*. Hackett Publishing Company. Primera publicación en 1641.

Feyerabend, P. (1978). *Against Method*. Verso. Primera publicación por New Left Books en 1975.

Galileo (1989) *Dialogues Concerning the Two Chief World Systems*. En Mathews, M.R. (Ed.), *The Scientific Background to Modern Philosophy*. Hackett Publishing Com-pany, pp. 61-81. (Primera publicación en 1632). Publicado íntegramente por *The Modern Library*, 2001.

Lakatos, I. (1970). "Falsification and the Methodology of Scientific Research Programmes." En Lakatos, I. y Musgrave, A., eds., *Criticism and the Growth of Knowledge*, Cambridge University Press, pp. 91-196.

Munévar, G. (2015). "Historical Antecedents to the Philosophy of Paul Feyerabend," *Studies in History and Philosophy of Science*.

Newton, I. (1989). *Principia*. Excerpted en *The Scientific Background to Modern Philosophy*, Matthews, M.R., Ed.; Hackett Publishing Company, pp.137-153. Primera publicación en 1687.

Popper, K. (1972). *Objective Knowledge*. Oxford University Press.

CAPÍTULO 4

LA CIENCIA COMO EMPRESA AUDAZ: ELEGIR POR CONVENCIÓN

UNA REACCIÓN EN CONTRA DE FEYERABEND

John Preston en su libro *Feyerabend* alega que la argumentación de Feyerabend en *Contra el Método* sólo funciona contra los popperianos, pero no contra los inductivistas. Preston cree que la presunta demostración de Feyerabend de que Galileo propició el progreso científico rompiendo reglas como la de Newton "No contemple hipótesis que contradigan resultados experimentales bien establecidos y generalmente aceptados" sólo tiene éxito contra las reglas universales de los falsacionistas. Debido a su ascendencia popperiana (al principio de su carrera, Feyerabend fue ayudante de Popper), es de suponer que Feyerabend no podía "aceptar que ninguna regla pueda funcionar realmente a menos que se haga sin excepciones" (1997, 174). Así, y sólo debido a esa ascendencia, "Feyerabend cree que puede refutar el monismo metodológico [que sólo hay *un* método de la ciencia] by demonstrating that methodological rules have been profitably violated." (174). Pero Preston, siguiendo a William Newton-Smith, afirma que "esta estrategia está obviamente en bancarrota", pues "no aborda ninguna otra posición racionalista."

La estrategia de Feyerabend supuestamente no tiene en cuenta las reglas inductivas que, al ser probabilísticas, cabe esperar que "nos lleven por mal camino en algunas ocasiones." No podemos descartar, "a pesar de estas excepciones", dice Newton-Smith, "que nuestra probabilidad de progresar sea mayor si empleamos la regla" (Preston, 175). Según Preston (y Newton-Smith) "los monistas metodológicos sabios respaldarán las reglas inductivas, reglas que nos aconsejarán cuál de un par de teorías adoptar ante las pruebas disponibles."

Sin embargo, todo esto es pura ficción, la quimera de un inductivista.[1] Newton-Smith no está hablando de reglas que hayan sido formuladas explícitamente y empleadas con gran éxito en la ciencia real (y algunas de las cuales Galileo pudo haber violado). Si tales reglas hubieran existido, la mayor parte de la filosofía de la ciencia del siglo pasado habría sido un ejercicio inútil,

---

[1] Las siguientes observaciones sobre Preston están tomadas de mis comentarios de 1999 a su libro sobre Feyerabend.

adelantado por una metodología científica y filosóficamente satisfactoria, y seguramente Popper no habría sido tomado en serio por la mayoría de los científicos que han dado alguna importancia a la filosofía de la ciencia. Newton-Smith habla de la tierra prometida de la inducción. Una tierra prometida, por cierto, contra la que se han dirigido muchos argumentos independientes, de Hume para abajo, como vimos en el cap. 2. Así pues, los sabios monistas metodológicos de Preston son todos imaginarios o, en el mejor de los casos, verdaderos creyentes que esperan a que su Moisés les muestre el camino.

Pero dejemos pasar eso. Al fin y al cabo, lo que preocupa a Preston es si Feyerabend puede descartar todas las formas posibles de monismo metodológico (incluidas las de plausibilidad cuestionable). Me parece que Feyerabend ha descartado de hecho todas las que pueden llamarse con justicia empiristas, y que seguramente ha descartado el tipo de monismo inductivo favorecido por Preston y Newton-Smith.

La estructura del argumento de Feyerabend es bastante sencilla. Un análisis de la historia de la ciencia muestra que, en episodios significativos, los científicos tuvieron que violar las reglas metodológicas para que se produjera el progreso científico. Los científicos tienen que elegir, pues, entre ser "racionales" (ateniéndose siempre a las reglas) y hacer avanzar la ciencia. La elección es obvia, para desgracia de los filósofos.

Observe de nuevo que Galileo está haciendo al menos dos cosas importantes. Una, está introduciendo un conjunto de hechos que concuerdan con lo que sucedería si la Tierra efectivamente girase (*Diálogos*). En segundo lugar, para llevar a cabo esa tarea, cambia el concepto de movimiento (Munévar 2000, 60). En lugar del concepto altamente empirista de los aristotélicos (el movimiento es el cambio observable de posición a lo largo del tiempo), sugiere un concepto de movimiento con componentes en principio no observables (ya que los observadores los comparten). Hoy, por supuesto, fuera del contexto de la disputa científica de la época de Galileo, podríamos en principio observar el movimiento parabólico de la piedra (desde una nave espacial, por ejemplo). Galileo, por cierto, como lo cita Feyerabend (1978, 101), es bastante consciente de lo que está en juego. Una y otra vez elogia a Copérnico por resistirse al veredicto de la experiencia. "Con la razón como guía [Copérnico] siguió afirmando resueltamente lo que la experiencia sensible parecía contradecir". Y "no hay límite a mi asombro", escribe Galileo, "cuando reflexiono que Aristarco y Copérnico fueron capaces de hacer que la razón conquistara de tal modo el sentido que, desafiando a la segunda, el primero se hizo dueño de su creencia" (Diálogo, 328)

Ahora bien, cualquier metodología que pueda llamarse con justicia empirista necesita especificar los medios por los que la experiencia juzgará la teoría. Sin embargo, si los "hechos" pueden ser derribados, todas las metodologías pueden fracasar de vez en cuando. Este resultado se aplica, pues, a todas las metodologías empiristas. Las reglas inductivas probabilísticas no son una excepción. Porque no se trata de que la regla no *garantice* una conclusión (al ser probabilística), sino de que la regla *no se aplica* porque las pruebas en las que debían basarse las estimaciones de probabilidad han desaparecido (es decir, *no podemos* aplicar la regla). Incluso si un Moisés inductivista encontrara la Tierra Prometida, no habría ninguna regla que nos orientara en el caso de Galileo, ya que los aristotélicos aplicarían la regla a un conjunto de pruebas (piedras que caen verticalmente) y los copernicanos a otro (piedras que caen parabólicamente).

Dado que las probabilidades se estiman en función de los datos disponibles, las reglas de Preston y Newton-Smith son sencillamente inaplicables a través de la división entre campos con conjuntos de datos incoherentes. Si compra 100 papeletas, de un total de 150, para la rifa de la iglesia en Semana Santa, sigue teniendo probabilidades de que no le toque el premio. Pero si sus 100 papeletas son para la rifa celebrada la Navidad anterior, ni siquiera entra en el concurso.

Además, del análisis de Feyerabend (*pace* Preston) se desprende claramente que el caso de Galileo no tiene nada de peculiar. El progreso científico requerirá ocasionalmente el derrocamiento de la "base empírica" y, por tanto, la violación de todas las reglas empiristas que merezcan ese nombre (AM).

Una objeción aparentemente similar a la de Preston y Newton-Smith la hace Larry Laudan:

> ... cuando respaldamos una regla, estamos afirmando nuestra creencia de que seguir esa regla tiene más probabilidades de realizar [nuestros] objetivos que violarla. Lo que hace que una regla sea aceptable como tal es nuestra creencia de que representa *la mejor estrategia* que podemos imaginar para alcanzar un determinado fin deseado; pero no tiene por qué ser, y comúnmente no será, ni una condición necesaria ni suficiente para alcanzar ese fin.[2]

El punto de Laudan es que las reglas metodológicas son como reglas empíricas, no reglas de razón universales y sin excepciones. Por lo tanto, una noción de racionalidad basada en la adhesión a reglas metodológicas no puede ser derrotada por estudios de casos que muestren que Galileo o Einstein violaron tal o cual regla, o incluso que tal violación fue necesaria para el progreso científico. Cualquier metodólogo sensato se dará cuenta así de que Feyerabend no hace más que atacar a un hombre de paja.

---

[2] Laudan, L. *Beyond Positivism and Relativism*, 1996, p. 103.

Nótese, sin embargo, que a este nivel de generalidad Laudan no se opone, sino que en realidad está de acuerdo con Feyerabend: Todas las reglas metodológicas deben permitir excepciones, de lo contrario el progreso científico se resentirá. En cuanto a atacar a un hombre de paja, los metodólogos "sensatos" de la época en que Feyerabend escribió su obra sí exigían reglas universales de método. Basta con que Feyerabend felicite a Laudan por haber llegado a ver la luz. Sin embargo, una vez que descendemos a lo particular, esta armonía de puntos de vista puede no ser muy esclarecedora. Porque reconocer que las reglas tienen límites no es lo mismo que explicar, como hace Feyerabend mediante los estudios de casos, *por qué* tienen esos límites.

Además, existe un sentido adicional en el que las deficiencias de las reglas estándar de la racionalidad resultan bastante embarazosas. Las reglas favoritas de los metodólogos fallan precisamente en los casos en los que los científicos deberían haber recibido más orientación de ellas (cuando deberían haber servido como *las mejores estrategias*). Es decir, las reglas parecen haber fallado (haber tenido que ser violadas) precisamente cuando la ciencia dio sus mayores pasos hacia adelante. Como señala Robert Farrell, los episodios que selecciona Feyerabend no son contraejemplos cualquiera, sino los que hasta hace poco presentaban los "racionalistas" como "casos paradigmáticos de racionalidad". En palabras de Farrell, en esos episodios las consideraciones que condujeron a las decisiones de los científicos "eran completamente inexplicables en términos de las tesis 'racionalistas'", y de hecho se llegó a ellas de una manera "demostrablemente contraria a todo el programa de la filosofía 'racionalista'" (2003, 17).

Así, el enfoque más laxo y sofisticado de Laudan no hace justicia histórica y filosófica a las observaciones de Feyerabend sobre el método. Como veremos más adelante en este libro, algunas de las principales aportaciones de Laudan complementan en realidad las de Feyerabend.

En el resto de este capítulo, consideraré dos posibles vías para sortear los problemas que presenta el análisis de Feyerabend del caso de Galileo. Ambas tienen en común el reconocimiento de que existe un cierto elemento convencional en la práctica de la ciencia.

FALSIFICACIÓN MADURA

La primera posibilidad se deriva de la creencia de que la práctica de la ciencia se parece mucho al falsacionismo. Si el objetivo es ser fiel a la práctica de la ciencia, quizá merezca la pena considerar si la imagen falsacionista presentada anteriormente es demasiado simplista. Quizá la clave resida en interpretar la visión falsacionista de la ciencia de un modo que tenga en cuenta las complejidades de la práctica científica real.

Da la casualidad de que Lakatos (1970) dio tal interpretación de la metodología popperiana (aunque él mismo no la suscribiera). La consideraré en esta sección. Para empezar, reconozcamos que tal vez era demasiado ingenuo pensar que las observaciones cuidadosas constituían una base empírica completamente sólida, que las teorías podían demostrarse falsas si fallaban sus predicciones, etcétera. Es hora, pues, de superar los cuentos de hadas y afrontar las responsabilidades de una metodología madura. Por supuesto, las observaciones son falibles. Por supuesto, la eliminación de hipótesis puede ser un asunto muy complicado. Pero la experiencia sigue desempeñando un papel fundamental en la dirección que debe tomar el conocimiento científico. El científico sigue teniendo la obligación de presentar únicamente teorías comprobables. Y la eliminación de alternativas, aunque plagada de dificultades, sigue siendo característicamente despiadada. Tal es el núcleo de la metodología que Imre Lakatos ha tomado de los escritos de Karl Popper.

Un enfoque maduro tendría en cuenta varias cosas. En primer lugar, el falsacionista maduro separa el rechazo de la refutación, ya que el choque con la observación no implica que la teoría sea falsa, como hemos visto en el cap. 3. No obstante, piensa que una teoría puede eliminarse en determinadas condiciones de conflicto con la observación. Para ello, en segundo lugar, deben tomarse algunas medidas para garantizar que la culpa del fracaso de las predicciones pueda atribuirse directamente a la teoría o hipótesis sometida a prueba. A modo de ilustración, considere el siguiente relato de un "experimento crucial."

Los primeros astronautas que pisaron la Luna instalaron un reflector especial para un rayo láser enviado desde la Tierra. Cuando el haz rebotó en la Tierra, permitió a un grupo de científicos medir con gran precisión la distancia entre la Tierra y la Luna. Posteriormente se instalaron más reflectores y se realizaron una serie de mediciones durante mucho tiempo. El objetivo de las mediciones era decidir entre las teorías de la gravitación de Einstein y Dicke. En los pocos campos en los que hasta entonces se había puesto a prueba la Relatividad General de Einstein, ésta se había impuesto a su predecesora (la de Newton). Pero Dicke había sugerido una teoría alternativa, según la cual la gravedad se debilita a medida que el universo se expande. Si Dicke estuviera en lo cierto, la órbita de la Luna caería hacia el sol, lo que provocaría pequeñas pero sistemáticas variaciones de la distancia entre la Tierra y la Luna (extremadamente pequeñas, lo que exigía mediciones extremadamente precisas, de ahí el láser). No se encontraron tales variaciones, por lo que puede decirse que el experimento descartó la teoría de Dicke (véase **Figura 4.1**).

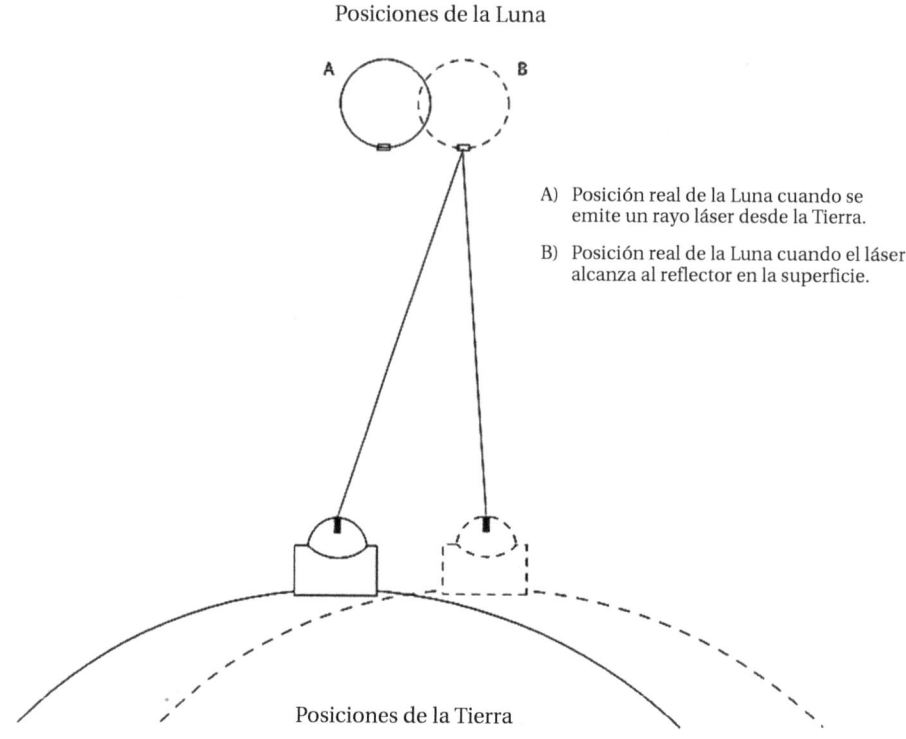

Posiciones de la Luna

A) Posición real de la Luna cuando se
     emite un rayo láser desde la Tierra.

B) Posición real de la Luna cuando el láser
     alcanza al reflector en la superficie.

Posiciones de la Tierra

Diagrama del experimento del Observatorio McDonald, que favoreció la Teoría de la
Relatividad General de Einstein sobre la teoría de gravitación de Dicke.

Figura 4.1. Experimento crucial con láser lunar sobre gravitación.
Dibujo de Nicole Ankeny.

Debería ser obvio que las observaciones astronómicas basadas en el uso de
láseres (y reflectores y telescopios receptores) implican muchos supuestos.
Estos supuestos abarcan muchos campos de la ciencia: óptica, física atómica y
molecular, electromagnetismo, meteorología, etcétera. Y sería muy sorprendente
que los científicos del grupo afirmaran que esas ciencias difícilmente podrían
equivocarse o, peor aún, que esas ciencias son realmente infalibles. A falta de
esa infalibilidad, no tiene mucho sentido afirmar que las observaciones no
podrían estar equivocadas. Pero por falibles que sean, estas observaciones se
basan en un trabajo científico que ha soportado pruebas más prolongadas y
severas que las opiniones gravitacionales en cuestión, al menos en el contexto
del experimento. Y así, parece razonable dejar que las observaciones cuenten
en *contra* de la teoría de Dicke y den cierto *apoyo* (provisional) a la de Einstein.

En otras palabras, los científicos deciden qué debe considerarse como teoría de observación (o interpretación) para cada situación de prueba. Intentan tomar esta decisión de forma inteligente (por ejemplo, prefieren utilizar como teorías de observación aquellas que ya han sobrevivido a pruebas rigurosas, etc.) Pero los científicos pueden cometer un error: pueden rechazar una teoría que en realidad es verdadera y aceptar (provisionalmente) una falsa en su lugar. Eso no es más que un riesgo que, como metodólogos maduros, deben aceptar si quieren disponer de un procedimiento para preferir unas opiniones a otras. Cuando echamos una mirada adulta sobre la práctica de la ciencia, nos damos cuenta de que, lejos de tener unos cimientos firmes, es como "clavar pilotes en un pantano", como dice Popper (1992, 94). El rechazo no equivale a la refutación. Es puramente una cuestión de decisión metodológica, o, mejor dicho, de varios tipos de decisiones metodológicas.

Un tipo de decisión, según Lakatos, consiste en determinar lo que constituirá la teoría de observación en un experimento concreto o en la prueba de una hipótesis. En la toma de esta determinación, la sabiduría convencional de la disciplina desempeñará un papel importante. Las partes de la ciencia que pueden darse razonablemente por sentadas formarán el conocimiento de fondo adecuado en esa situación de prueba. Después, la sabiduría convencional también dictará qué procedimientos deben contar como aplicaciones correctas de ese conocimiento de fondo (por ejemplo, después de dar "por sentada" la teoría contemporánea del electromagnetismo, aún debemos seguir ciertos pasos antes de concluir que tenemos una lectura "correcta" de la corriente o el voltaje). En algunos casos, esta decisión— que no tiene por qué ser explícita— puede ser bastante sencilla. Pero en muchos otros casos puede ser bastante complicada (piense, por ejemplo, en las pruebas bioquímicas: ¿Era pura la cepa bacteriana? ¿Podría haber habido contaminación del cultivo? ¿La tinción no reveló alguna característica importante de las células afectadas? La lista podría ser muy larga). Las exigencias de la sabiduría convencional pueden parecer a veces extremadamente rigurosas. Consideremos, por ejemplo, el experimento gravitacional mencionado anteriormente, basado en el relato de Nigel Calder (1979).

Los rayos láser que rebotaban en los reflectores permitieron medir la distancia a la Luna con una precisión de unos pocos centímetros. El experimento utilizó el telescopio de 107 pulgadas del Observatorio McDonald de Texas a partir de 1969 y contó con la colaboración de unos diez laboratorios más. Como nos cuenta Calder:

> Las observaciones astronómicas ordinarias en el Observatorio McDonald
> se interrumpen con frecuencia cuando el telescopio gira hacia la Luna
> para una "carrera" de 45 minutos de alcance láser. Es fascinante de ver

porque el observador debe apuntar continuamente el gran telescopio y el
rayo láser emergente con precisión a uno de los paneles retrorreflectantes,
y el objetivo está en movimiento. "Es una ocasión deportiva", dice Eric
Silverberg, que supervisa estas operaciones en McDonald.

Cada tres segundos, el láser dispara un pulso de luz muy breve, de sólo
un metro de longitud. Aproximadamente en el momento esperado de
retorno, el sistema de detección se activa y admite una única partícula
de luz. Puede tratarse de luz parásita, pero un reloj atómico cronometra
su llegada con una precisión superior a la milmillonésima de segundo y
un ordenador compara los tiempos de las sucesivas partículas de luz.
Cuando una partícula de luz llega en el instante adecuado, se juzga que
procede del reflector de la Luna, y suena una campana para que el
observador sepa que ha dado en el blanco (97-98).

Una metodología falsacionista adulta reconoce que estas decisiones deben
tomarse para tener una base empírica en absoluto. Y también reconoce otro
tipo crucial de decisiones si se quiere mantener el título de "ciencia empírica".
Puesto que nada va más en contra del grano falsacionista que la ad hocness,
ninguna metodología podría llamarse falsacionista que no encontrara alguna
forma de preservar el mandato contra la modificación "no científica" de las
hipótesis. Ya hemos visto que una vez que las predicciones no concuerdan con
la base empírica (falible), el dedo de la refutación no apunta sólo a la hipótesis—
eso sería arbitrario — sino contra una conjunción de hipótesis, condiciones
iniciales y cláusula *ceteris paribus*. La falsificación madura dirige al científico a
aislar la hipótesis, por lo que su refutación es mucho menos arbitraria. La
forma de lograr dicho aislamiento es:

(a) Formulemos otras hipótesis en el sentido de que las condiciones
    iniciales se han comunicado incorrectamente (por ejemplo, si una
    lectura de tensión es inusual, comprobamos el ajuste de la magnitud
    en el voltímetro, luego podríamos utilizar un voltímetro diferente,
    etc.). Si esas hipótesis caen, aceptamos el informe de las condiciones
    iniciales.

(b) A continuación, debemos suponer que se ha violado la cláusula *ceteris
    paribus* (es decir, debemos suponer que el sistema no estaba cerrado),
    sugerir cómo podría haberse producido la violación (es decir, qué otro
    factor puede estar afectando al sistema) y poner a prueba la
    sugerencia. El proceso debe realizarse tantas veces como lo justifique
    la situación, hasta que nuestro ingenio se agote razonablemente. Por
    ejemplo, si la órbita de un planeta no concuerda con las predicciones
    newtonianas, postulamos la presencia de otro planeta que explicaría las

perturbaciones. Si se encuentra el planeta predicho, concluimos que efectivamente se ha violado la cláusula *ceteris paribus*. Si no, proponemos otra forma en la que el sistema estuviera abierto o una de las hipótesis auxiliares fuera falsa, y la comprobamos. Si no podemos demostrar que se violó la cláusula, entonces la única culpable razonable del fracaso de la predicción original parece ser la hipótesis en cuestión. Por lo tanto, la *rechazamos*.

Como dice Popper "En general, consideramos una falsación comprobable intersubjetivamente como final... Una apreciación corroborativa realizada en una fecha posterior... puede sustituir un grado de corroboración positivo por uno negativo, pero no *viceversa*." (1934, Sección 82).

Sin embargo, el punto de vista de Popper es un poco demasiado fuerte, ya que si descubriéramos, años después del aislamiento lógico y la consiguiente eliminación de una teoría, que una de las hipótesis auxiliares era falsa — que deberíamos haber proseguido con nuestra comprobación de la cláusula *ceteris paribus* — sería desconcertante no retractarse del rechazo de la teoría (como de hecho ocurrió con el punto de vista de Prout).

Los falsacionistas maduros se dan cuenta de que la ciencia es una aventura complicada y llena de peligros. A diferencia de sus homólogos ingenuos, los falsacionistas maduros reconocen que sus procedimientos de prueba son muy falibles, pero siguen insistiendo en construir una base empírica con la que contrastar sus visiones del mundo. Así, comparten con sus predecesores dos preocupaciones importantes:

(1) La obligación de enunciar una teoría de forma que las predicciones se deriven de ella (para obligar a la teoría a jugarse el cuello).

(2) Una preparación para eliminar la teoría si las predicciones no se cumplen.

Se diferencian de sus predecesores en que reconocen que la observación es falible, que las hipótesis auxiliares ocultas y no la teoría sometida a prueba pueden ser las culpables del fracaso de una predicción y que, por tanto, es necesario separar el rechazo de la refutación. En consecuencia, especifican los tres tipos principales de decisiones que deben tomar los científicos con la esperanza de aportar progresos a su disciplina:

(1) En cuanto a lo que es el conocimiento de fondo no problemático (elección de la teoría de observación).

(2) En cuanto a los procedimientos por los que una afirmación se calificará como declaración de observación.

(3) En cuanto a cuándo se han comprobado suficientemente las condiciones iniciales y la cláusula *ceteris paribus*, como para dejar a la teoría como única víctima del *modus tollens* (informal); o, en otras palabras, en cuanto a cuándo se debe culpar a la teoría sometida a prueba del resultado negativo del experimento o la observación.

Merece la pena señalar una vez más que estas elecciones no se dejan a la discreción de cada científico, dice Marie. Lo que siempre se cuestiona es si ha estado a la altura de las normas más rigurosas de observación y crítica que su disciplina pueda exigirle. Y cuando hablamos de actuar de acuerdo con la sabiduría colectiva, tenemos en mente el estado temporal de la técnica que resulta de la implacable eliminación de errores por parte de una comunidad de exploradores críticos del universo. Como consecuencia de ese trabajo comunitario, a veces podemos hablar de que algunas teorías están bien corroboradas. Esta noción de corroboración sólo se aplica correctamente cuando al menos:

(1) Repetimos las pruebas (replicación)

(2) Realizamos numerosas pruebas en condiciones muy diferentes

(3) Examinamos nuevas implicaciones de la teoría planteada por los tests

(4) Determinamos cómo encaja nuestra teoría con otras teorías ya probadas[3]

Sería un error pensar que los tres tipos de decisión hasta ahora discutidos son siempre claramente distintos y se toman por separado. Considere el siguiente ejemplo. Supongamos que queremos probar la eficacia de un fármaco para curar el resfriado común. El procedimiento normal consiste en probar el fármaco en una muestra de la población a la que se destina y, a continuación, extrapolar los resultados a toda la población mediante la estadística. La muestra se divide en dos grupos: uno de ellos tomará realmente el fármaco (el grupo experimental), el otro, en cambio, tomará un placebo, es decir, una sustancia de la que no se presume que tenga ningún poder curativo (el grupo de control). También es un procedimiento normal realizar la prueba a *doble ciego*. Esto significa que los pacientes del grupo de control no saben que están tomando un placebo y no el fármaco, y que los médicos que examinan a los pacientes no saben quién ha tomado el fármaco y quién no.

El primer ciego garantiza que haya una comparación entre los efectos del fármaco y los beneficios de estar simplemente bajo tratamiento (el efecto placebo, que puede ser considerable en muchas personas). El segundo ciego garantiza que el posible sesgo de los investigadores a favor de la hipótesis (que el

---

[3] Si algunas de esas teorías son más generales, nuestra teoría puede recibir el llamado "apoyo desde arriba."

fármaco funciona) no distorsione los datos arrojados por la prueba (por ejemplo, al decidir que un paciente que ha tomado el fármaco pero sigue moqueando un poco ha superado su resfriado, mientras que algún otro examinador podría dudar en colocar al paciente en la categoría de "curado"). También deben tomarse grandes precauciones para garantizar que el grupo experimental y el de control sean equivalentes en todos los aspectos relevantes (mitad hombres, mitad mujeres en ambos grupos, por ejemplo), así como muestras representativas de la población prevista (¿son sus miembros, por ejemplo, demasiado jóvenes en su conjunto, o demasiado mayores? ¿viven la mayoría de ellos en ciudades, en el campo, o en una mezcla adecuada de ambos?) Hay muchos factores que podrían aumentar o disminuir la eficacia del fármaco en un determinado grupo específico. Pero si esos factores no están presentes en la misma proporción en la población general prevista, los resultados de la prueba van a ser engañosos.

Puede parecer que todas estas precauciones se toman para garantizar que los datos (es decir, las observaciones) que decidirán la suerte de la hipótesis se recogen "correctamente". Este es un tipo de decisión. Pero toda esta actividad también puede interpretarse como un intento de garantizar que si la predicción falla (que el fármaco tiene un efecto estadísticamente significativo), entonces será razonable culpar, y por tanto rechazar, la hipótesis. Se trata de otro tipo de decisión. No obstante, aunque haya casos en los que sea difícil separar los distintos tipos de decisión, el metodólogo maduro puede estar seguro de la construcción de una base empírica y del aislamiento lógico de la hipótesis sometida a prueba.

OBJECIONES AL FALSACIONISMO ADULTO

Si pensamos en lo que *hacen* los científicos, deberíamos concluir que a menudo llevan a cabo el tipo de actividades previstas por el falsacionista que ha alcanzado la madurez. De hecho, las metodologías anteriores pueden parecer demasiado literales y simplonas por contraste. No obstante, al repasar la historia de la ciencia nos vienen a la mente algunos descubrimientos molestos.

En primer lugar, debemos recordar el caso de Prout. La sabiduría convencional había elegido cuidadosamente una teoría de la observación. Por desgracia para Prout, esa teoría de la observación entraba en conflicto con su hipótesis. Además, las mediciones eran cuidadosas y precisas. Tampoco podía excusarse fácilmente el fracaso de sus predicciones (por ejemplo, el peso atómico del cloro). Al contrario, aparentemente se tomaron todas las medidas falsacionistas maduras. Así pues, era correcto, desde el punto de vista de esta metodología, rechazar la hipótesis de Prout. Sin embargo, la decisión tuvo que ser revocada casi un siglo después. Pero si una decisión puede ser revocada, también puede ser ignorada. A Einstein, por ejemplo, no le preocupó la cuidadosa réplica que Miller hizo del experimento Michelson-Morley, en el que Miller llegó a la conclusión de que, después de todo, existía un viento de éter. La conclusión de Miller entraba en conflicto directo con la teoría de la relatividad especial de Einstein, y nadie pudo determinar qué había de erróneo en el experimento de Miller. Pero Einstein simplemente asumió que Miller tenía que estar equivocado y finalmente se descubrió el error. En este caso la corazonada convencional estaba con Einstein: Miller fue ignorado. La cuestión es, sin embargo, que si la disciplina hubiera seguido los procedimientos falsacionistas maduros, habría fallado en contra de Einstein. Es difícil decir que tenemos un método cuando la corazonada convencional no está dictada por los presuntos procedimientos convencionales. Para ser justos: Miller había seguido las reglas.

También está el caso flagrante del perihelio de Mercurio. (Los detalles se tratarán en un capítulo posterior.) Baste decir por ahora que las predicciones sobre la órbita de Mercurio eran erróneas. Cuando se detectó la anomalía, los científicos implicados se comportaron al principio como falsacionistas curtidos. Se propusieron muchas ideas ingeniosas para explicar cómo podía haberse violado la cláusula *ceteris paribus*: alguna fuerza desconocida tenía que estar actuando sobre Mercurio. Podría haber un planeta extra entre Mercurio y el Sol— fue bautizado como "Vulcano"— o quizá el Sol estuviera considerablemente achatado en los polos. De hecho, todas las decisiones requeridas por el falsacionista maduro se tomaron de forma adecuada y exhaustiva; la teoría gravitatoria newtoniana quedó lógicamente aislada, pero no se renunció a ella a pesar de este claro fracaso predictivo.

A veces vale la pena que un científico se oponga a la corriente de la sabiduría convencional, incluso cuando los cánones del falsacionismo con madurez son obedecidos por la disciplina. Y otras veces la sabiduría convencional no sigue tales cánones. Y también es algo bueno: En más de una ocasión se abre la puerta a un progreso espectacular de la ciencia. Así pues, parece que el falsacionismo maduro tiene algunos defectos graves.

Sin embargo, un falsacionista maduro puede preguntarse sobre la conveniencia de utilizar objeciones históricas para atacar su metodología. Después de todo, una metodología trata de normas, de lo que los científicos deberían hacer. ¿Por qué debería ser una descripción de la práctica real la base de la crítica? ¿Podríamos igualmente señalar la alta incidencia de asesinatos a lo largo de la historia como prueba de que la prescripción contra el asesinato es errónea? La adhesión total a una metodología sólo sería posible si los seres humanos fueran perfectamente racionales. Por lo tanto, no es sorprendente que la práctica científica real no esté a la altura del ideal metodológico.

Sin embargo, esta respuesta no es suficiente. Cumplir las normas de la metodología sólo tiene sentido porque hacerlo aumentaría las posibilidades de éxito en la ciencia. Y conocemos el historial de la metodología a este respecto por la práctica de la ciencia. Pero si resulta que la metodología se interpondría en realidad en el camino de ese éxito, entonces nos enfrentamos a una elección entre el método y el éxito. El método, al estar subordinado al éxito, es el claro perdedor. Por eso la historia puede servir para evaluar las metodologías.

La cuestión no es, pues, que el falsacionismo maduro esté a veces reñido con la práctica de la ciencia, sino que el éxito científico requiere de vez en cuando la violación de las normas del falsacionismo maduro. Esto significa que si se hubieran seguido los preceptos falsacionistas no se podría haber logrado lo que ahora se considera un gran avance. Así pues, no estamos hablando simplemente de casos en los que no se alcanzó la perfección falsacionista, sino más bien en los que la perfección falsacionista fue un obstáculo para el crecimiento de la ciencia.

Según el falsacionismo maduro, una teoría debe concordar con la base empírica o ser rechazada. Admitir que la base empírica es falible y una cuestión de sabiduría convencional hace que nuestra postura sea más flexible e ilustrada. Sin embargo, no es suficiente. Porque debemos recordar que Galileo asumió dicha base empírica y la sustituyó por otra más conveniente para un programa copernicano. Y la lección que extraemos de Prout es esencialmente la misma. Parece que hay momentos en los que el crecimiento de la ciencia necesita tomar giros mucho más radicales de los que el falsacionista sensato es capaz de acomodar.

El análisis de casos históricos presentado aquí parece haber cubierto todas las bases: La experiencia no puede servir de juez decisivo de la teoría, ni siquiera con reservas. Los que equiparan el método con la racionalidad científica deben de estar atónitos. ¿Cómo podría la ciencia no ser racional? Pero el mismo argumento vale para la racionalidad, así entendida, que para el método. La racionalidad científica sólo es útil si produce avances en la ciencia. Si se interpone en el camino del progreso, peor para la racionalidad.

SIMPLICIDAD

A la luz de todo esto, ¿cómo debemos proceder en ciencia? Si los hechos no pueden probar ni refutar las teorías, ¿cómo podemos elegir entre dos alternativas? Y si la experiencia no debe guiar nuestra elección, ¿en qué sentido puede llamarse "empírica" a la ciencia? Una sugerencia es que algunas formas de dar cuenta de la experiencia pueden ser más sencillas o elegantes que otras. Pierre Duhem, uno de los principales defensores de esta sugerencia, argumentó que la función de un científico es "salvar los fenómenos", es decir, modificar su teoría hasta que ya no entre en conflicto con la observación (1908).

Duhem quiere olvidarse de la verdad o falsedad de las teorías y concentrarse en cambio en la facilidad con la que la teoría da cuenta de la experiencia. Muchos puntos de vista opuestos pueden salvarse mediante todo tipo de estratagemas, incluso movimientos *ad hoc*, como hemos visto en el capítulo anterior. Pero si Duhem tiene razón, deberíamos ponernos de acuerdo para elegir la alternativa más sencilla o elegante. Esto convertiría la elección de las teorías científicas en una cuestión de convención; pero quizá una convención razonable, ya que nos mantiene al margen de disputas ociosas sobre lo que es real y nos permite dedicar nuestro tiempo y esfuerzos a mejorar los edificios teóricos en los que alojamos los fenómenos de nuestra experiencia. Algunas teorías se complican tanto en sus esfuerzos por "salvar los fenómenos" que se vuelven inmanejables. Tras un exceso de parches y reparaciones, el edificio se desmorona por su propio peso.

El ejemplo histórico clásico es presumiblemente el sistema de Ptolomeo, cuya maquinaria de epiciclos y ecuantes resultó finalmente demasiado engorrosa para justificar aún más refinamientos. La afirmación convencionalista es, pues, que se debería haber preferido el sistema copernicano porque era más sencillo.

Es mejor tener en cuenta que Duhem no tiene por qué argumentar que la simplicidad es una prueba de la verdad, aunque hay quienes creen que es así. Esos estudiosos pueden incluso encontrar aliento en citas de grandes científicos. "La naturaleza ama la simplicidad", dijo Copérnico. Einstein añadió: "Dios es sutil pero no malicioso". Que Copérnico y Einstein tomaran la simplicidad como prueba de la verdad puede ser objeto de debate. Pero sería difícil ver qué argumento apoya tal postura. Por supuesto, a veces la simplicidad de un punto de vista puede llevar a un científico a adoptarlo, y entonces, puesto que lo acepta, también piensa que es verdadero. Pero la verdad del punto de vista no se deriva de que sea el más simple. Si llego a casa sin la llave, lo más sencillo es comprobar si la puerta está abierta. En su defecto, tocaré el timbre con la esperanza de que haya alguien dentro. Sólo después de haber agotado las alternativas más sencillas intentaré forzar una ventana o, peor aún, romperla. Si un científico ve una alternativa como la más sencilla, lo más probable es que también la vea como la más fácil de poner en práctica. Pero la verdad es un asunto completamente distinto.

En cualquier caso, la simplicidad es demasiado difícil de definir. ¿Elegimos la teoría que es más simple matemáticamente, experimentalmente, ontológicamente?

Éstas no tienen por qué coincidir, y a menudo no lo hacen. Además, la simplicidad parece relativa al contexto y al punto de vista del investigador. También puede depender de una compleja serie de propósitos. (Estas cuestiones se tratarán en el próximo capítulo). Tampoco los antecedentes históricos son tan claros a favor del convencionalista. Según Stephen Toulmin y June Goodfield (179),

> Los métodos [de Copérnico] de cálculo astronómico no eran, en principio, más precisos que los de Ptolomeo: en la práctica, a veces lo eran menos. Tampoco eran, en definitiva, apreciablemente más sencillos que los métodos anteriores. Incluso el mérito sobresaliente del sistema—el reconocimiento de que el movimiento retrógrado era una ilusión óptica—quedó oscurecido para cuando la teoría estuvo completamente elaborada; al final, las construcciones utilizadas para calcular los movimientos planetarios reintrodujeron elementos del propio movimiento de la Tierra, a través del "centro móvil" de la órbita circular terrestre. (Ver **Figuras 4.2-4.3**).

Si la simplicidad puede estar en el ojo del que mira, y si el registro histórico no muestra el claro ejemplo que se nos prometió, la plausibilidad del convencionalismo se reduce bastante. Además, algunas consideraciones de peso sugieren que el convencionalismo en general no es una postura aceptable.

Puede parecer posible modificar un punto de vista para que siga concordando con la experiencia, para que "salve los fenómenos". Y tanto los seguidores de Ptolomeo como los de Copérnico podrían haberlo hecho así para sus respectivos puntos de vista. Pero en la práctica, como mucho podemos estar seguros de que las dos alternativas en liza se ajustan a los hechos dentro de un *ámbito delimitado*. ¿Qué ocurre, sin embargo, cuando el dominio se amplía a áreas completamente nuevas? No está claro, por ejemplo, cómo habría manejado el sistema ptolemaico todo lo que ahora se sabe sobre el tamaño, la dinámica y la configuración del universo. La esfera exterior de las estrellas tendría que desaparecer, por ejemplo, por no hablar de los agujeros negros, las estrellas de neutrones y las galaxias.

Lo que está claro en este caso histórico "ejemplar" es que se renunció al sistema ptolemaico antes de que el ingenio tuviera que estirarse más allá de las fronteras de la credulidad. Como podemos ver en las figuras 1 y 2, el vencedor no fue tan directo y sencillo. Copérnico pensaba que las órbitas planetarias eran circulares y se vio obligado a utilizar epiciclos para sus cálculos. Quizá cuando Newton aceptó las elipses de Kepler, la visión heliocéntrica copernicana se hizo claramente más simple; pero para entonces los copernicanos ya habían ganado la revolución. Así pues, parece que algunas decisiones de crucial importancia en ciencia deben tomarse sin apelar a la

simplicidad, o al menos, mucho antes de que ésta haya quedado claramente
establecida. Esto no significa que la simplicidad no pueda servir en ocasiones
como criterio que demuestre la superioridad de un punto de vista sobre otro.
Pero indica que a menudo se trata de otra cosa.

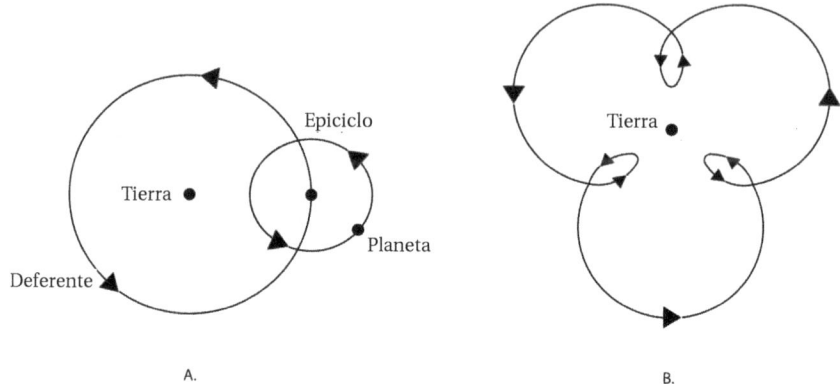

A. Sistema estándar de epiciclo y deferente.
B. Movimiento en bucle generado en el plano de la eclíptica por el sistema en A.

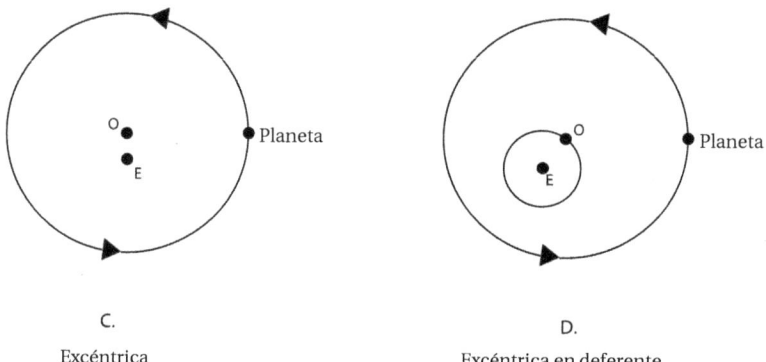

O es el centro del círculo. En D el centro rodea un deferente centrado en la Tierra.
Adaptado de T. S. Kuhn (1957). *The Copernican Revolution*. Harvard University Press.

Figura 4.2. Complejidades de la astronomía griega. Dibujos de Nicole Ankeny.

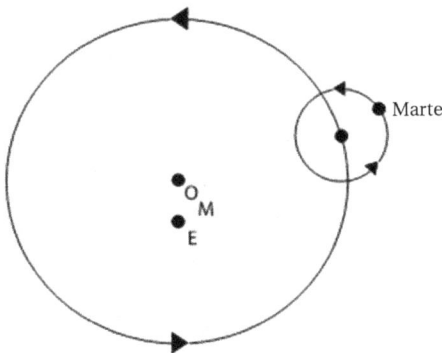

La explicación copernicana: La Tierra gira alrededor de un punto en un epiciclo que a su vez gira alrededor de un punto excéntrico al sol. E_p es el centro del epiciclo de la Tierra. O es el centro de la órbita de la Tierra.

Adaptado de T. S. Kuhn (1957) The Copernican Revolution. Harvard University Press.

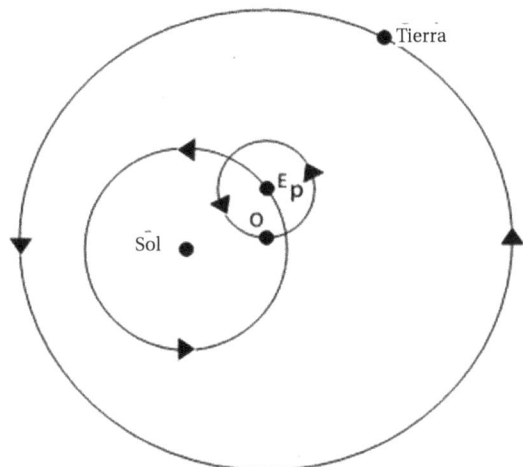

Figura 4.3. Complejidades del relato copernicano plenamente desarrollado.
Ilustraciones de Nicole Ankeny.

En segundo lugar, hay ocasiones en las que la sencillez no sólo no se utiliza como criterio de elección, sino que *no podría utilizarse así*. Son casos en los que es sencillamente inaplicable, salvo quizá estrictamente por una cuestión de gusto. Hay que recordar que se ha cuestionado la separación entre observación y teoría. Por lo tanto, en un choque de teorías la base empírica puede variar (los bandos pueden preferir diferentes "teorías de la observación"). Pero si no existe un cuerpo único de "hechos", de fenómenos, no tiene mucho sentido afirmar que ambas alternativas salvan los fenómenos igual de bien, o que una lo hace mejor que la otra.

Examinemos a continuación la obra que fue en gran medida responsable de la reconceptualización de la epistemología de la ciencia: *La Estructura de las Revoluciones Científicas* de Thomas Kuhn.

REFERENCIAS

Calder, N. (1979). *Einstein's Universe*. Viking.

Duhem, P. (1908). *Sauver les Phénomènes. Essai sur la Notion de Théorie Physique de Platon à Galilée*. A. Hermann (*To Save the Phenomena*).

Farrell, R. (2003). *Feyerabend and Scientific Values: Tightrope-Walking Rationality.* Springer.

Feyerabend, P. K. (1978a). *Against Method.* Verso.

Feyerabend, P. K. (1978b). *Science in a Free Society.* Verso.

Galileo (1989). *Dialogues Concerning the Two Chief World Systems*. En Mathews, M.R. (Ed.), *The Scientific Background to Modern Philosophy*. Indianapolis: Hackett Publishing Company, pp. 61-81. (Primera publicación en 1632). Publicación íntegra por *The Modern Library*, New York, 2001

Galileo. (1989). *The Assayer.* En *The Scientific Background to Modern Philosophy*, Matthews, M.R., Ed.; Hackett, 1989; pp. 56–61. Primera publicación en 1623.

Kuhn, T. S. (1957). *The Copernican Revolution*. Harvard University Press.

Lakatos, I. (1970). "Falsification and the Methodology of Scientific Research Programmes." En Lakatos, I. y Musgrave, A., eds., *Criticism and the Growth of Knowledge*, Cambridge University Press, pp. 91-196.

Laudan, L. (1996). *Beyond Positivism and Relativism: Theory Method and Evi-dence.* Westview Press.

Munévar, G. (1999). Mi comentario sobre Preston en G. Courvalis, ed. "Radical fallibilism vs conceptual analysis: The significance of Feyerabend's Philosophy of science." *Metascience* 8(2):206-233. DOI: 10.1007/BF02913264.

Munévar, G. (2000). "A Réhabilitation of Paul Feyerabend." En Preston, J, Munévar, G. y Lamb, D. (eds.) *The Worst Enemy of Science? Essays on the Life and Thought of Paul Feyerabend.* Oxford University Press.

Musgrave, A. (eds.), *Criticism and the Growth of Knowledge*. Cambridge University Press.

Popper, K. (1992). *The Logic of Scientific Discovery*. Routledge.

Popper, K. (1934). *Logik der Forschung*. Springer. Traducido como *The Logic of Scienti-fic Discovery*.

Preston, J. (1997). *Feyerabend: Philosophy, Science and Society*. Polity Press.

Toulmin, S. y Goodfield, J. (1965). *The Fabric of the Heavens: The Development of Astronomy and Dynamics.* Harper & Row.

CAPÍTULO 5

EL DOGMATISMO EN LA CIENCIA: KUHN Y LAS REVOLUCIONES CIENTÍFICAS

A pesar de todos los argumentos ofrecidos, debe quedar cierto grado de perplejidad. Incluso si la inducción y la falsación no consiguen proporcionar *una* guía fiable para la ciencia, e incluso si las reglas (aparentemente) más obvias del método deben sacrificarse en aras del progreso de vez en cuando, aún podemos sentir que esas ideas captan algunas percepciones importantes sobre lo que la ciencia debería hacer. Además, podemos esperar que la crítica de la ciencia de Kuhn y Feyerabend nos permita comprender en cierta medida cuáles podrían ser esas percepciones.

Por supuesto, puede resultar que todo lo que Kuhn y Feyerabend tienen que ofrecer es una visión "demoledora" de la ciencia: "La ciencia no es la institución magníficamente racional que se suponía que era—al diablo con ella." Se ha sospechado que algunas de las figuras posmodernistas implicadas en las recientes "guerras de la ciencia" tienen precisamente esa actitud, pero es evidente que no es así en el caso de Kuhn y Feyerabend, a pesar de que en un momento dado Feyerabend fue identificado en la revista *Nature* como "el peor enemigo de la ciencia" (Theocharis y Psimopoulos, 1987)

La visión predominante durante la mayor parte del siglo enfocaba las teorías, e incluso las observaciones, en términos de oraciones (o proposiciones), o más formalmente en términos de conjuntos de oraciones (o proposiciones). Con Kuhn comenzamos a forjar una nueva forma de pensar sobre la ciencia.

Para introducir esta nueva vía, permítanme establecer una analogía con la percepción con ayuda de la **Figura 5.1**. Las visiones científicas, para Kuhn, son efectivamente eso, visiones del mundo. Estas visiones del mundo son, además, sostenidas por comunidades de científicos. Como dijo R.L. Gregory "La ciencia es la percepción cooperativa del universo" (1966, 226). Sin embargo, la percepción visual no se limita al "procesamiento" de la información visual. Lo que vemos no es un mero resumen o construcción de patrones formados originalmente en la retina del ojo. La contribución de los ojos se hace encajar a menudo con las expectativas derivadas de los demás sentidos, incluidos los propioceptores (posición del cuerpo) y otros sentidos internos. Miramos dentro de un arbusto y no vemos más que ramas y hojas. Pero en cuanto oímos un gorjeo, una parte del arbusto se transforma casi instantáneamente en la imagen de un pequeño pájaro. La experiencia y la expectativa previas también suelen ser necesarias para desambiguar nuestras "imágenes del mundo" perceptivas y conceptuales.

La interacción previa con el mundo proporciona el escenario en el que tiene que encajar la nueva percepción, y las interacciones posteriores pueden modificar dicha percepción. Piense en la puesta a punto de la percepción visual de un cazador con arco y flecha, posible gracias a sus éxitos y fracasos. Considere también la **Figura 5.2**, los experimentos de F.P. Kilpatrick con habitaciones distorsionadas, en los que hizo algunas paredes más largas o más altas que otras. Con sólo mirar por una mirilla, los sujetos veían inicialmente una habitación distorsionada como rectilínea. Al intentar tocar el dibujo de un insecto en la pared opuesta con un palo largo, los sujetos se quedaron cortos al principio. Al ir más lejos, finalmente alcanzaron el objetivo. A continuación, los sujetos observaron una habitación rectilínea, pero la vieron distorsionada, de acuerdo con su interacción anterior. El primer esfuerzo por tocar el bicho tropezó con la pared demasiado rápido. Nuevas interacciones cada vez más exitosas llevaron a ver la habitación de forma diferente: como distorsionada (1961).

En las **Figuras 5.1 y 5.2** podemos percibir cada uno de los dibujos de dos formas alternativas. Esta ambigüedad de percepción a veces nos afecta también al mirar los dibujos de una revista o al contemplar una escena desconocida. El aparato perceptivo desambigua en circunstancias normales proporcionando pistas contextuales que favorecen una de las hipótesis perceptivas alternativas (del modo descrito anteriormente). En la **Figura 5.3** podemos ver cómo el fracaso y el éxito alteran la percepción. Estas analogías pueden servir para introducir la concepción de Kuhn de las opiniones científicas.

Figura 5.1. La suegra ambigua de Boring.

A veces se la ve como una joven, otras como una anciana. Éstas son las dos interpretaciones objetuales más probables de esta figura, que se abordan a continuación.

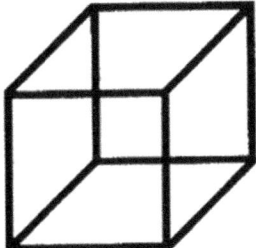

Figura 5.2. El Cubo Necker.

Esta es la proyección plana de un cubo visto desde una gran distancia. No hay cambio de tamaño en perspectiva. La figura se ve en profundidad invertida espontáneamente. Evidentemente, existen dos soluciones igualmente probables al problema perceptivo: '¿Qué es el objeto que está ahí fuera?' El cerebro se entretiene sucesivamente con cada una de las hipotéticas soluciones y nunca se decide.

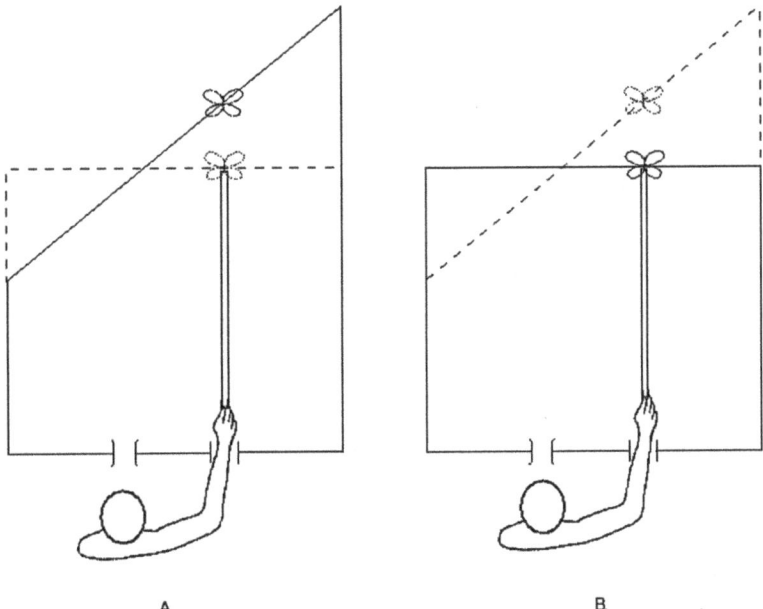

Figura 5.3. Dos fases del experimento de sala distorsionada de F. P. Kilpatrick.

Imagen A: El hombre que mira por la mirilla ve la habitación distorsionada según sus expectativas (es decir, una habitación cuadrada). Sus intentos de tocar el bicho de la pared con el palo se quedan cortos.

Imagen B: Después de competir con A, el hombre mira ahora una habitación cuadrada. Sin embargo, la ve distorsionada y golpea el bicho de la pared antes de lo que espera.

Ilustraciones de Nicole Ankeny.

En primer lugar, un punto de vista científico como la astronomía copernicana o la dinámica newtoniana equivale a algo más que la "representación" habitualmente esperada de la naturaleza (piénsese en una contrapartida de la imagen visual). Una visión científica debe implicar también un compromiso con varios modos de interacción con el mundo. Para Kuhn (1970, 181-188) esos compromisos implicarían (1) modelos que tienen un papel fructífero en la forma en que se construyen las teorías: "el circuito eléctrico puede considerarse como un sistema hidrodinámico en estado estacionario; las moléculas de un gas se comportan como diminutas bolas de billar elásticas en movimiento aleatorio". Tales modelos proporcionan al grupo científico "analogías y metáforas preferidas o admisibles." Estos compromisos también incluyen (2) las soluciones a problemas concretos que los científicos encuentran a lo largo de su formación y más adelante en sus carreras. Estas soluciones concretas a los problemas—que Kuhn denomina "ejemplares"— son algo más que ilustraciones de la teoría. En todo caso, al convertirlas en una segunda naturaleza, el aprendiz de científico llega finalmente a dominar la teoría. Estas soluciones a los problemas van desde las que se encuentran en los libros de texto, los exámenes y los laboratorios hasta las que se encuentran en la literatura técnica para especialistas.

Los científicos que pertenecen a un grupo también compartirán, por supuesto, (3) teorías, es decir, generalizaciones simbólicas (en el caso de las ciencias físicas) como f = ma, que pueden "funcionar en parte como leyes pero también en parte como definiciones de algunos de los símbolos que despliegan". Otra categoría importante de compromiso compartido es la de (4) valores como la simplicidad, la coherencia y la concordancia con la predicción.

Una forma de ver el mundo es, en cierto sentido, una forma de acercarse al mundo. Implica una serie de compromisos teóricos, experimentales y metodológicos (en este último caso, de los estándares que se esperan de las preguntas y soluciones propuestas).

Y ahora llegamos a la segunda parte de la analogía con la percepción. Tendemos a "ver" partes específicas del mundo de determinadas maneras porque esas maneras están de acuerdo con los compromisos implicados en nuestras visiones del mundo, que Kuhn llamó primero "paradigmas" y más tarde "matrices disciplinarias."[1] Pero a veces tenemos un choque entre dos formas generales de ver el mundo. Lo que puede ocurrir entonces es que no tengamos forma de desambiguar las figuras. Esto es así porque cada "Gestalt" alternativa ya incorpora todas las pistas que nos permitirá utilizar al ver la figura (el mundo). Es decir, las alternativas pueden dar direcciones diferentes

---

[1] Bajo la presión de algunas objecciones lingüísticas él se alejó del término "paradigma", innecesariamente, creo.

sobre cómo mirar las pistas; a efectos prácticos, nos darán entonces conjuntos de pistas diferentes. Cada gestalt alternativa especifica un contexto alternativo, y así— sin un contexto común— un cambio de visión del mundo no es muy diferente del cambio de gestalt que experimentamos cuando miramos los dibujos de las **Figuras 1 y 2**, primero de una manera y luego de otra.

La analogía convertiría los puntos de vista científicos en gafas con las que las comunidades científicas ven el mundo. Aunque por necesidad este relato está demasiado simplificado, ya sugiere dos consecuencias importantes. La primera es que la distinción entre hecho y teoría es interna al punto de vista científico rector. Diferentes compromisos conducen a diferentes ideas sobre lo que pueden considerarse partes seguras de la experiencia (de ahí el carácter "convencional" de la base empírica propuesta por el falsacionista maduro/adulto). Pero entonces los cambios importantes de punto de vista bien pueden conducir también a cambios en la base empírica. Por lo tanto, este relato de la ciencia nos lleva a esperar que la base empírica sea derrocada durante algunos episodios de lucha entre puntos de vista alternativos. Así, una dificultad importante de la epistemología tradicional de la ciencia se considera ahora perfectamente natural dentro de la nueva filosofía de la ciencia.

Una segunda consecuencia es que en la medida en que un paradigma— para utilizar el término anterior de Kuhn— constituye las gafas a través de las cuales vemos el mundo, abandonar el paradigma sin sustituirlo es quedarse ciego. Podemos cambiar a una alternativa, pero si simplemente abandonamos nuestro paradigma, dejamos de hacer ciencia. Esta consecuencia bien puede explicar por qué los newtonianos no consideraron refutada su teoría de la gravitación ni siquiera ante el prolongado fracaso a la hora de explicar el perihelio anómalo de Mercurio. Pensaban en el universo en términos newtonianos. Renunciar a la teoría de la gravitación de Newton era renunciar a pensar en el universo. Así pues, la anomalía se tomó como un desafío y no como una refutación. Tal fue la situación hasta que un paradigma rival, la teoría general de la relatividad de Einstein, proporcionó una explicación del perihelio de Mercurio dentro de una forma alternativa de pensar sobre el universo. Una vez más, numerosos episodios de la historia de la ciencia que desconciertan al empirista (véanse los problemas históricos del falsacionismo maduro en el capítulo anterior) les parecen perfectamente sensatos a los nuevos filósofos.

Kuhn y Feyerabend publicaron sus versiones iniciales de este relato de la ciencia en 1962, encendiendo así una revolución en la filosofía de la ciencia. Aunque ambos coinciden en general en muchos de los puntos expuestos hasta ahora, existen, sin embargo, diferencias significativas en sus ideas sobre la naturaleza y el valor de la ciencia. Comenzaremos un examen de esas ideas considerando con más detalle *La Estructura de las Revoluciones Científicas* (1970) de Kuhn.

EL DOGMATISMO ESENCIAL DE LA CIENCIA

La evaluación que Kuhn hace de la ciencia en su contexto histórico socava la imagen estándar de los científicos como exploradores objetivos y abiertos a lo desconocido que ponen a prueba continuamente su punto de vista para contribuir al crecimiento acumulativo del conocimiento. En su lugar, Kuhn concluye que los científicos son dogmáticos, no suelen poner a prueba sus teorías y rara vez buscan lo desconocido. Además, el dogmatismo es esencial para la naturaleza de la ciencia.

Tales tesis quizás suenen menos sorprendentes si nos damos cuenta de que la formación científica crea un profundo compromiso con una visión del mundo y de la práctica de la ciencia, con exclusión de todas las demás. Para comprender la posición de Kuhn, es necesario estudiar el tipo de visión que podría suscitar un compromiso tan fuerte por parte de la comunidad científica. La práctica normal de la ciencia, afirma Kuhn, es "la investigación firmemente basada en uno o más logros extraordinarios que definen implícitamente los problemas y métodos legítimos de un campo de actividad". Tales logros, o paradigmas, son "lo suficientemente inéditos como para atraer a un grupo duradero de adeptos lejos de los modos de actividad científica competidores". También deben ser "lo suficientemente abiertos como para dejar todo tipo de problemas para que los resuelva el grupo redefinido de profesionales" (10).

Los paradigmas le dicen al científico:

(1) qué cosas hay en el universohow those things behave
(2) qué preguntas pueden formularse correctamente sobre la naturaleza
(3) qué técnicas pueden utilizarse para responder a dichas preguntas.

Los paradigmas incluyen la ley, la teoría, la aplicación y la instrumentación juntas. Es sobre modelos globales de este tipo sobre los que los científicos construyen tradiciones enteras de investigación (por ejemplo, la astronomía ptolemaica, la física newtoniana, la óptica ondulatoria). Un punto crucial es que Kuhn no considera que las teorías sean las unidades básicas de la ciencia. Las unidades básicas son complejos que constituyen nuestras formas de pensar sobre el mundo, de percibirlo en un sentido comunitario. Las teorías, tal y como se entienden normalmente, pueden considerarse elaboraciones de algunas de las ideas centrales derivadas del paradigma.

La ciencia normal es la investigación realizada de acuerdo con los modelos, las teorías y las soluciones ejemplares que proporciona el paradigma. Consideremos, por ejemplo, una física clásica dominada por un modelo del mundo en el que los constituyentes son corpúsculos que chocan entre sí. Este modelo de bola de billar conducirá, por supuesto, a una gran preocupación por la conservación del momento durante las colisiones, considerará como caso ideal las colisiones perfectamente elásticas, y obligará a buscar mecanismos que conecten diferentes aspectos de la experiencia en términos de tales colisiones de corpúsculos. Los relatos resultantes se plantearán, además, en términos de las leyes matemáticas desarrolladas por Newton, Huygens y otros.

Este programa de investigación conduce a muchos pequeños problemas por resolver— más bien en forma de rompecabezas, señala Kuhn— y a algunos grandes: cómo dar cuenta, entre otras cosas, de la propia ley de gravitación de Newton, que parece ser un caso de acción a distancia. Se gastó mucho ingenio sin éxito en este empeño, hasta que finalmente se concedió a regañadientes a la acción a distancia un asiento en la mesa de la ciencia (sólo para ser expulsada finalmente por Einstein). Una vez realizado este ajuste final en el modelo, el punto de vista de Newton domina la física por completo, se convierte en un paradigma y, a partir de entonces, prácticamente toda la investigación se basa en él.

Esto no significa que toda la investigación deba llevarse a cabo de acuerdo con las normas. A menudo, el paradigma simplemente establece un *ejemplo* de cómo puede aplicarse una visión de la naturaleza. De hecho, un estudiante de ciencias aprende a relacionar los símbolos de las leyes y fórmulas con la naturaleza aprendiendo a ver los nuevos problemas como si fueran problemas con los que ya se ha encontrado. El objetivo de su formación es que llegue a ver "las situaciones a las que se enfrenta como científico en la misma gestalt que los demás miembros de su grupo de especialistas". Cuando lo consigue, ha "asimilado una forma de ver probada por el tiempo y autorizada por el grupo" (189). Quizás sea útil considerar una ilustración histórica concreta de cómo la solución de un problema puede servir de ejemplo para resolver otros problemas aparentemente muy diferentes.

Galileo descubrió que las bolas que ruedan por un plano inclinado y suben por otro llegan a la misma altura vertical. Y este comportamiento de las bolas le recordó el de un péndulo con una masa puntual por biela. Este descubrimiento inspiró a Huygens a calcular el centro de oscilación de un péndulo físico pensando en él (la parte extendida) como si estuviera formado por péndulos puntuales galileanos que subían y bajaban como bolas en planos inclinados, dado su centro de gravedad colectivo. Esto, a su vez, inspiró a Bernoulli a pensar en el flujo de agua de un orificio en un tanque como semejante al péndulo de Huygens. A medida que el centro de gravedad del agua en el tanque y el orificio desciende imparte una velocidad de rebote en las partículas individuales de agua, de modo que el descenso del centro de gravedad del agua en el tanque y el orificio será igual al ascenso del centro de gravedad de las partículas individuales. Dada esta cuenta, podemos entonces calcular la velocidad de eflujo.

La ciencia normal es entonces posible gracias al compromiso con una única visión del mundo, con un paradigma, *con exclusión de todos los demás*. Pero, aunque la ciencia normal es la mayor parte de la ciencia, hay periodos de cambio de paradigma, periodos de revolución. El problema para Kuhn ahora es demostrar que tal compromiso de pensamiento único conduce al progreso primero a través de la ciencia normal y después a través de las revoluciones. Sólo entonces puede tener sentido decir que el dogmatismo es esencial para la ciencia.

EL DOGMATISMO CONDUCE AL PROGRESO A TRAVÉS DE UNA CIENCIA ORDINARIA

En ausencia de un paradigma, la investigación debe comenzar siempre desde los cimientos. El esfuerzo científico se dirige a discutir con los competidores y no con la naturaleza. Pero una vez que los científicos confían en una forma de pensar sobre el mundo, pueden realizar investigaciones extremadamente concentradas, a veces esotéricas, en un área. Un paradigma canaliza así las energías de los científicos en una dirección, lo que conduce a una investigación fructífera.

Durante los periodos de ciencia normal, la función del científico es actualizar la promesa hecha por el logro extraordinario que se ha convertido en paradigma. Está claro que, como dice Kuhn, "el éxito de un paradigma... es al principio en gran medida una promesa de éxito", y que los paradigmas adquieren su estatus "porque tienen más éxito que sus competidores en la resolución de unos pocos problemas que el grupo de practicantes ha llegado a reconocer como agudos". La ciencia normal, según Kuhn, "consiste en la actualización de esa promesa, una actualización que se logra ampliando el conocimiento de aquellos hechos que el paradigma muestra como particularmente reveladores, aumentando el grado de coincidencia entre esos hechos y las predicciones del paradigma, y mediante una mayor articulación del propio paradigma" (23-24).

Aunque Kuhn no establece una distinción tajante entre hechos y teoría, considera conveniente a efectos narrativos dividir la investigación en factual y teórica. A menudo, en la *investigación teórica* se hace hincapié en los desarrollos matemáticos que permitirán comparar el paradigma y el mundo. En otras ocasiones lo que se pide es la reformulación de la teoría del paradigma para hacerla más susceptible de comprobación o para ampliarla a nuevos ámbitos. En cualquier caso, las categorías de la investigación teórica son estrechamente paralelas a las de la investigación factual que se describen inmediatamente a continuación.

La investigación factual normal se dedicará a:

(1) Hechos reveladores de la naturaleza de las cosas (por ejemplo, la posición y magnitud estelar en astronomía, las partículas fundamentales en física).

(2) Hechos interesantes únicamente porque pueden compararse con las predicciones de la teoría paradigmática (por ejemplo, la curvatura de la luz por la gravedad del sol, de la teoría general de la relatividad; el paralaje estelar, de la visión heliocéntrica del universo que requiere construir telescopios lo suficientemente potentes para observarlo).

Cabe señalar que la investigación de estos dos tipos se lleva a cabo únicamente debido al paradigma: del tipo (1) porque el paradigma nos dice que esos hechos son fundamentales y, por lo tanto, se nos da la motivación para construir sincrotrones, radiotelescopios y muchas otras cosas, para buscarlos. La investigación del tipo (2) no tendría sentido sin un paradigma. La existencia del paradigma establece el problema que hay que resolver.

(3) Trabajos empíricos realizados para articular la teoría del paradigma. En esta categoría encontramos:

(a) La determinación de las constantes físicas (por ejemplo, la constante gravitatoria universal, el número de Avogadro, los coeficientes, etc.);

(b) La determinación de leyes cuantitativas (ej. ley de Boyle).

Existe un parecido sorprendente entre estos dos últimos tipos de investigación factual y el inductivismo. Boyle, por ejemplo, realizó una medición tras otra hasta que se sintió satisfecho de tener una base lo suficientemente amplia para su famosa generalización de que la presión y el volumen de un gas son inversamente proporcionales. Pero incluso en tales casos debemos observar cómo el paradigma dirige la empresa de recopilación de hechos, ya que la investigación de Boyle tenía poco sentido a menos que su paradigma le hubiera asegurado primero que el aire era un fluido al que podía aplicar los elaborados conceptos de la hidrostática.

Dado que estos dos tipos de investigación abarcan gran parte de la ciencia normal, no es sorprendente que muchos las hayan tomado como características de la naturaleza de la ciencia. Pero mientras que en el inductivismo se hace hincapié en la justificación que tales investigaciones proporcionan a las teorías de la ciencia, en el esquema de Kuhn no desempeñan tal papel. El paradigma no está en cuestión. Al contrario, si no se asumiera, estas investigaciones de aire inductivista no tendrían sentido. Aparentemente, al examinar la ciencia en su contexto histórico, no sólo obtenemos una nueva comprensión de su naturaleza, sino que también llegamos a entender algunas de las fijaciones de la historia de la *filosofía* de la ciencia.

Con esta aplicación en mente, consideremos un último tipo de investigación factual destinada a articular el paradigma:

(c) Experimentos diseñados para elegir entre formas alternativas de extender un paradigma a áreas estrechamente relacionadas con el área de éxito del paradigma, pero donde el paradigma no da ninguna dirección específica en cuanto al enfoque más fructífero. Había, por ejemplo, muchas formas plausibles de ampliar la teoría calórica del calor, por ejemplo, la combinación química, la fricción, la compresión, etc.

A continuación, se elaboran hipótesis, se ponen a prueba y se rechazan si entran en conflicto con la experiencia. Y en los experimentos para elegir entre las distintas alternativas podemos ver un gran parecido con los experimentos cruciales del falsacionista. Pero éste es, como mucho, un caso de falsacionismo interno. El paradigma, una vez más, no está en cuestión. Lo que está en cuestión es simplemente una propuesta particular para ampliar o articular el paradigma. Sin embargo, en este y otros aspectos de la ciencia normal podemos encontrar las raíces de la tendencia a considerar la comprobación de hipótesis como la característica fundamental de la ciencia. Esta tendencia se ve reforzada por las espectaculares disputas que se producen durante los periodos revolucionarios (ciencia extraordinaria), durante los cuales se buscan abiertamente alternativas y los paradigmas llegan a cuestionarse. Hablaré de dichos periodos en la siguiente sección.

En cualquier caso, podemos darnos cuenta de cómo algunos filósofos podían mirar a la ciencia y ver en ella inductivismo, mientras que otros— en parte espoleados por los fracasos epistemológicos de los inductivistas— podían encontrar falsificación de la esencia. Pero al mirar la ciencia a través de las gafas de Kuhn vemos que lo que se parecía al inductivismo y al falsacionismo no eran más que funciones esperadas de la práctica normal de una ciencia madura, es decir, de la investigación basada en un paradigma.

Si esta imagen es correcta, si el científico no se dedica normalmente a ninguna actividad distinta de las descritas por Kuhn, podemos ver que el científico no es realmente un explorador de lo desconocido. Lisa y llanamente persigue el tipo de fenómenos que su paradigma le dice que espere. La investigación normal es, de hecho, muy similar a la resolución de puzzles, afirma Kuhn, ya que, como en un puzzle, el paradigma le dice al científico qué aspecto debe tener la "imagen" resultante de su investigación (diciéndole, por ejemplo, qué debe contar como solución).

La científica tampoco intenta falsificar la teoría de su paradigma mediante pruebas rigurosas. El fracaso a la hora de lograr una coincidencia entre el paradigma y el mundo es un fracaso personal, un reflejo de la falta de habilidad o del esfuerzo insuficiente de la investigadora, no un fracaso de su visión general del mundo, del mismo modo que el fracaso a la hora de resolver el puzzle de un juego no es un fracaso de la promesa de una imagen concreta en la tapa de la caja del puzzle. El científico que culpa a su paradigma, dice Kuhn, es como el carpintero que culpa a sus herramientas. Es posible ver cómo el dogmatismo conduce al esfuerzo concentrado, y cómo el esfuerzo concentrado conduce a gran parte de la espléndida cosecha empírica que tanto ha asombrado a nuestra civilización.

Pero parece que algo se ha dejado de lado. Después de todo, la ciencia se dedica al descubrimiento. Kuhn no querría negar que muchas características del mundo que hoy damos por sentadas, por ejemplo, las galaxias y los electrones, eran simplemente inimaginables no hace mucho. Al contrario, Kuhn cree que su punto de vista puede dar buena cuenta de los descubrimientos. Para empezar, un paradigma es una invención humana, por lo que sería extremadamente sorprendente que la promesa implícita en él pudiera cumplirse a rajatabla: nuestras "percepciones comprensivas" del mundo están abocadas a no alcanzar la perfección. En tales casos nos enfrentamos a anomalías. Es muy crucial darse cuenta, sin embargo, de que la conciencia de esas anomalías requiere la presencia previa de un paradigma, ya que sólo alguien que sabe qué esperar se dará cuenta de que algo ha ido mal. Es precisamente la clase de casos anómalos la que proporciona al científico las oportunidades más fructíferas para articular su paradigma. Pero el reconocimiento de la anomalía no equivale a un descubrimiento: el científico, Caleb, digamos, debe primero ser capaz de explicar la anomalía dentro de su paradigma. Es decir, al articular su paradigma para dar cuenta de la anomalía la asimila a su marco científico.

A modo de ejemplo, podemos referirnos al descubrimiento de los rayos X. Todo empezó cuando Roentgen observó un resplandor inesperado a cierta distancia de su tubo de rayos catódicos. (El tubo grueso de un televisor es un tubo de rayos catódicos.) Estaba claro que la radiación que producía el resplandor procedía en línea recta del tubo de rayos catódicos, que proyectaba sombras y que no podía ser desviada por un imán. Tras siete semanas de trabajo, Roentgen estaba seguro de haber descubierto una nueva forma de radiación. Hay que señalar, en primer lugar, que sólo un científico que supiera a qué atenerse podría haber intuido que había algo fuera de lo común en el resplandor que se observaba en su artefacto. De hecho, los rayos X violaban las arraigadas expectativas de los físicos experimentales de la época. Como señala Kuhn, "si el aparato de Roentgen había producido rayos X, entonces otros muchos experimentalistas debían de haber estado produciendo durante algún tiempo esos rayos sin saberlo... El trabajo previamente realizado en proyectos habituales tendría ahora que hacerse de nuevo porque esos científicos no supieron reconocer y controlar una variable relevante" (59).

Los descubrimientos importantes se hacen, pues, sobre un fondo comprensible de resistencia. Se aborrece el reequipamiento a no ser que sea estrictamente necesario: se echa por la borda demasiado trabajo cuando se requiere una articulación importante del paradigma. Pero entonces, sólo hasta que se lleva a cabo esa articulación y se ha asimilado la anomalía, tenemos un nuevo descubrimiento. En estos dos aspectos, detección y asimilación, los descubrimientos requieren un paradigma. Una vez más, nos encontramos con la recompensa del compromiso unipersonal con una visión del mundo. En la medida en que ese compromiso se caracteriza como dogmatismo, el dogmatismo es esencial para la práctica de la ciencia.

REVOLUCIONES EN LA CIENCIA

Sin embargo, algunas anomalías resultan demasiado recalcitrantes a largo plazo, tan recalcitrantes que el fracaso a la hora de asimilarlas dentro de los compromisos teóricos, experimentales y metodológicos del paradigma se convierte en un fracaso de la disciplina en su conjunto. Cuando las mejores mentes han probado suerte en el rompecabezas, cuando el rompecabezas se encuentra en un área particularmente significativa (se trata de las entidades fundamentales del sistema, por ejemplo), cuando el intento de asimilarlo ha sido muy prolongado, la confianza general en el panorama prometido empieza a decaer. Los científicos aún no pueden abandonar su paradigma, ya que constituye el par de gafas con el que perciben el mundo. Abandonar simplemente su paradigma es abandonar su percepción del mundo, abandonar la ciencia. Pero llega un punto en el que el fracaso general provoca una crisis total de confianza. En esta fase, el paradigma pierde su bastión sobre la disciplina, los científicos comienzan a discutir de nuevo sobre los fundamentos y algunos empiezan a pensar en formas diferentes de percibir el mundo, es decir, inician la búsqueda de un nuevo paradigma mientras se aferran a regañadientes al antiguo. Si la búsqueda de una nueva forma posible de ver la naturaleza también produce un logro generalmente reconocido como extraordinario, es posible que haya nacido un nuevo paradigma y una nueva etapa de la ciencia normal.

Sin embargo, debe entenderse que no puede decirse propiamente que las anomalías que provocan la crisis hayan refutado el paradigma. En principio, no existe ninguna razón por la que una crisis no pueda superarse. Así pues, ni siquiera esas anomalías constituyen una contraprueba del paradigma, a menos que puedan integrarse con éxito en un enfoque competidor de la ciencia en cuestión. Una vez integradas de este modo, la lealtad de la comunidad científica puede pasar al retador y el antiguo punto de vista habrá sido derrotado. Hemos visto anteriormente que el perihelio anómalo de Mercurio no se consideró en general una contraevidencia del paradigma newtoniano hasta que se asimiló dentro del paradigma rival proporcionado por la Teoría General de la Relatividad de Einstein. La única forma científica de rechazar un paradigma es sustituirlo.

LA NATURALEZA REVOLUCIONARIA DEL CAMBIO DE PARADIGMA

Un nuevo paradigma redefine la visión del mundo de la disciplina: Habla de nuevas entidades fundamentales, de nuevos tipos de relaciones entre las entidades que pueda haber, de nuevas normas para la resolución de problemas y asume nuevos compromisos experimentales y metodológicos. Pero estas cosas "nuevas" que el paradigma aporta a la comunidad científica no son meros añadidos a los logros del antiguo punto de vista: a menudo sustituyen a tales logros. Cambiar de paradigma bien puede implicar también un cambio en los conjuntos de hechos sobre el mundo. Así pues, el crecimiento de la ciencia no tiene por qué ser acumulativo. Una revolución en la ciencia, dice Kuhn, tiene la naturaleza de un interruptor gestáltico, de un cambio de percepción sobre el universo (en el campo particular implicado). Sería insólito que fuera de otro modo, ya que lo que antes se consideraba una anomalía recalcitrante en un paradigma ahora se ve como algo sencillo, quizá incluso obvio, en el nuevo. La elección entre paradigmas, afirma Kuhn, "resulta ser una elección entre modos incompatibles de vida comunitaria" (94).

Si todo esto es correcto, entonces no parece posible dar razones lógica o probabilísticamente convincentes de por qué el nuevo paradigma es mejor que el antiguo. Se trata más bien de ofrecer una exhibición clara de cómo será la nueva práctica científica. Y esta exhibición puede ser extremadamente persuasiva, lo suficientemente persuasiva como para animar a los partidarios de las viejas formas de hacer ciencia a entrar en el nuevo círculo y evaluar sus pruebas de apoyo en sus términos.

Dentro de la investigación basada en un paradigma, es decir, dentro de la ciencia normal, el paradigma suministra las normas para evaluar los méritos de las afirmaciones en competencia. Pero cuando el propio paradigma está en entredicho (por tanto, cuando las propias normas están en entredicho), no existe ninguna autoridad superior a la que se pueda apelar. Una revolución científica exitosa, por tanto, conlleva la instauración de un nuevo orden científico.

El dogmatismo en la ciencia conduce así al progreso a través de la ciencia normal, a través del descubrimiento y, finalmente, a través de la creación de una crisis de confianza que da lugar a una nueva tradición de ciencia normal. Aunque este relato implica que el crecimiento del conocimiento científico no es acumulativo, también puede verse cómo un paradigma sienta las bases, por así decirlo, para el siguiente. Lo más probable es que el entorno en el que se desarrolla un nuevo candidato a paradigma dependa del paradigma al que acabe sustituyendo. Así, el revolucionario científico puede tener a menudo (aunque no siempre) una deuda con sus predecesores.

EL CRECIMIENTO NO ACUMULATIVO DE LA CIENCIA: ¿UN DESAFÍO A LA RACIONALIDAD CIENTÍFICA? EL PROBLEMA DE LA INCONMENSURABILIDAD

La tesis de Kuhn de que el crecimiento de la ciencia no es acumulativo, defendida también por Feyerabend, ha sido recibida con consternación por muchos filósofos de la ciencia. Según estos filósofos, la racionalidad de la ciencia exige que los cambios de puntos de vista puedan justificarse. Y esta justificación debe hacerse demostrando que el ganador es superior al perdedor. Pero sin normas comunes con las que medir las alternativas no es posible demostrar tal superioridad. Así pues, si Kuhn y Feyerabend tienen razón, no se puede demostrar que la ciencia sea una empresa racional. Por supuesto, aunque este argumento sea correcto, los críticos no han demostrado que Kuhn y Feyerabend estén equivocados. La irracionalidad de la ciencia puede resultar simplemente un descubrimiento desagradable de gran mérito. Pero si tal descubrimiento es realmente una consecuencia de esta tesis de la *inconmensurabilidad*, como se la ha denominado, lo veremos más adelante. Discutamos primero el caso directo contra la tesis de la no acumulabilidad.

Encabezando la lista de contraejemplos en fuerza y distinción histórica está el relato de la física newtoniana como un caso especial de la teoría de la relatividad. Aquí tenemos un caso en el que, según Kuhn, los dos puntos de vista son fundamentalmente incompatibles: "La teoría de Einstein sólo puede aceptarse con el reconocimiento de que la de Newton era errónea" (98). Pero en general se considera que la física de Newton tiene una validez limitada y, de hecho, sigue siendo muy utilizada por los ingenieros e incluso por muchos científicos. Lo que hizo Einstein, según los críticos de Kuhn, fue trazar los límites adecuados para la mecánica clásica. Dentro de esos límites, la teoría de Newton es esencialmente correcta. Además, dentro de esos límites (por ejemplo, velocidades bajas) puede demostrarse que se deriva de la mecánica relativista. La cuestión es que la revolución de la física del siglo XX no sustituyó a lo que la precedió, sino que *se sumó a ello*; por lo tanto, el conocimiento en física ha crecido por acumulación.

A primera vista, los cambios conceptuales provocados por la teoría especial de la relatividad de Einstein son abrumadores. Pongamos un ejemplo muy sencillo. Si estoy pilotando un planeador, mi velocidad con respecto a un observador sentado en el suelo es de 100 km/h, mientras que el jet que vuela en la misma dirección sobre mi cabeza tiene una velocidad de 500 km/h con respecto a mí, 600 km/h con respecto al observador sentado y 1200 km/h con respecto a otro jet que vuela en dirección opuesta. Parecería que la velocidad de la luz también cambiaría al medirse en diferentes marcos de referencia. Pero según Einstein, ¡el observador sentado, yo y los pilotos de los dos reactores deberíamos obtener el mismo resultado! La velocidad de la luz es una constante.

Este drástico replanteamiento se extiende a los conceptos más básicos empleados en física. Tomemos la masa, por ejemplo. En la mecánica de Newton, la masa se conserva. Un cuerpo puede ganar o perder masa sólo por interacción con otro sistema. Una bola de nieve rodando por una colina nevada ganará masa; pero si rodara hasta el proverbial infierno, el fuego acabaría evaporando toda la bola. Lancemos ahora la misma bola de nieve original al espacio, dejemos que interactúe con nada y calculemos su masa. Pues bien, la bola de nieve tendrá velocidades diferentes para mí en el planeador, para el observador sentado y para los dos pilotos del jet. Según Einstein, ¡todos deberíamos calcular masas diferentes! Resulta que, en la teoría especial de la relatividad, la masa de un objeto depende de su velocidad. La masa de una nave estelar que se acercara a la velocidad de la luz se aproximaría al infinito, tanto la masa como la velocidad medidas, digamos, con respecto al control de la misión aquí en la Tierra. La longitud, en cambio, se contrae a medida que aumenta la velocidad. La discrepancia conceptual entre ambas teorías parece realmente grande.

Sin embargo, los críticos de Kuhn insisten en que la teoría de Newton puede derivarse de Einstein como un caso especial. Para ver más claramente la naturaleza de la derivación implicada, consideremos la fórmula de la masa relativista.

$$m = m_0 / \sqrt{1 - v^2/c^2}$$

Donde m es la masa relativista, m_0 es la masa en reposo (que podríamos equiparar a la masa inicial o newtoniana), v es la velocidad del objeto en cuestión y c es la velocidad de la luz. A velocidades muy bajas, la expression v^2/c^2 se aproxima a 0, ya que la velocidad de la luz es inmensa. La fórmula se convierte entonces en:

$$m = m_0 / \sqrt{(1 - \approx 0)}$$

y por tanto:

$$m \approx m_0$$

Dado que en estos casos la masa relativista y la masa presumiblemente newtoniana tienen los mismos valores a todos los efectos prácticos, todas las afirmaciones newtonianas sobre la masa son idénticas a las relativistas. Es decir, a bajas velocidades arrojan prácticamente los mismos números. Así, vemos que la mecánica newtoniana es un caso especial de la teoría de la relatividad. Y, por supuesto, sólo las afirmaciones extravagantes de los newtonianos, acerca de que su teoría se aplica a velocidades muy altas, por ejemplo, pueden ser demostradas por Einstein como erróneas. Pero esas afirmaciones apoyadas por pruebas anteriores no han sido derribadas.

Sin embargo, esta postura no es aceptable, ya que, como señala Kuhn, cualquier teoría sería inmune a la crítica mientras no se aventurase más allá de sus logros. Pero los científicos sí desean ampliar constantemente el campo de aplicación de sus teorías, así como aumentar el grado de precisión más allá de la práctica anterior. De lo contrario, eso significaría el fin de la ciencia normal, que tiene precisamente la función de ampliar el paradigma a nuevos ámbitos y grados de precisión.

Además, la supuesta derivación de la mecánica newtoniana a partir de la relatividad es espuria. Una condición necesaria para la validez de cualquier derivación es que los términos conserven sus significados en todo momento (de lo contrario cometemos la falacia lógica del equívoco). Tanto la mecánica clásica como la relativista emplean conceptos de espacio, tiempo, masa, etc. Pero según Kuhn, "Los referentes físicos de [la] einsteiniana no son en absoluto idénticos a los de los conceptos newtonianos que llevan el mismo nombre" (102). La masa newtoniana se conserva, la einsteiniana es convertible con la energía. De forma similar, Feyerabend también cuestiona el intento de identificar la masa clásica con la masa en *reposo* de la Relatividad Especial (por lo que m_0 no debe interpretarse como masa newtoniana en la ecuación anterior). Y la longitud relativista, añade Feyerabend, "implica un elemento que está ausente del concepto clásico y que en principio se excluye de él. Implica la *velocidad relativa* del objeto en cuestión en algún sistema de referencia". Concluye que "magnitudes diferentes basadas en conceptos diferentes pueden dar valores idénticos en sus escalas respectivas sin dejar de ser magnitudes diferentes" (1970, 221-222). Cuando los términos implicados tienen significados diferentes, entonces, no es posible ninguna derivación. Puesto que esta situación se dará en todos aquellos casos en los que una nueva visión global del mundo nazca de un conflicto, las revoluciones científicas están marcadas por la inconmensurabilidad de las teorías (o paradigmas) implicadas.

Algunos críticos han sugerido que es posible proporcionar un "diccionario común", de modo que sea posible comparar, digamos, los éxitos predictivos de dos visiones del mundo enfrentadas. Y hay un sentido claro en el que eso es efectivamente posible. De hecho, el presente ejemplo lo ilustra. Las leyes que dan una concordancia numérica tan buena con las de Einstein a bajas velocidades no son realmente las leyes de Newton, tal y como él las habría entendido, sino más bien una versión relativista de las mismas. Son las leyes de Newton transpuestas a la Teoría Especial de la Relatividad de Einstein con límites y parámetros sobre ellas que habrían sido inconcebibles para el propio Newton. Por supuesto, si tomamos esas leyes y también las de Einstein como meros instrumentos para el manejo de datos, los significados de los términos cruciales pueden seguir siendo los mismos. Pero entonces olvidamos que esos términos adquieren significado para los científicos sólo en la medida en que su formación hace que para ellos sea una segunda naturaleza atribuirlos al mundo de formas guiadas por la visión del mundo aceptada por su disciplina.

Mientras la forma en que se utiliza un término no tenga nada que ver con su significado, entonces no tendremos *este* problema de inconmensurabilidad. Por otro lado, si pensamos que el uso del término tiene algo que ver con su significado, entonces debemos considerar cómo influye nuestra visión del mundo en ese uso. Si Kuhn tiene razón al pensar que la investigación normal es una investigación basada en un paradigma, esa influencia es considerable. Y si es así, cabe esperar que los cambios en la visión del mundo puedan provocar cambios en el significado de los términos científicos.

Hay, por cierto, dos temas recurrentes en la filosofía analítica de la ciencia con respecto al significado de los términos científicos (Hempel 1966). En un extremo encontramos el operacionalismo de Bridgman, según el cual los significados de los términos científicos deben estar determinados por operaciones (por ejemplo, la longitud se define por formas específicas de medir con varillas, etc.). Esto hace que el significado suene muy empírico, pero conduce a graves problemas conceptuales. Uno de ellos es, por supuesto, que tenemos una diversidad de operaciones para cada concepto (por ejemplo, medir la longitud mediante el uso de varillas, por triangulaciones o por el rebote de las señales de radar en un objeto). Parecería extraño afirmar que no tenemos un concepto de longitud, sino muchos. En el otro extremo encontramos la opinión, favorecida por Hempel, de que los términos científicos tienen lo que él denomina "importancia teórica", lo que significa, grosso modo, que el significado de un término depende en parte del papel que desempeña en una teoría; por tanto, el significado se ve afectado por sus relaciones con otros términos también utilizados en la teoría. Sea cual sea el extremo por el que nos inclinemos, o una combinación adecuada de ambos, tenemos los ingredientes para cocinar el pastel de la inconmensurabilidad. Cuando cambiamos de paradigma, obviamente podemos cambiar las "operaciones" pertinentes, ya que el nuevo paradigma puede ofrecer nuevos y diferentes compromisos experimentales e instrumentales. Y si nos inclinamos por el punto de vista de Hempel, parece que un cambio teórico drástico puede seguramente conducir también a un cambio de significado.

También existe la fijación en algunos círculos de que el significado de los "términos teóricos" tiene que estar determinado por "términos observacionales" previos (esto es inductivismo importado a la semántica, es decir, el equivalente a "las teorías tienen que derivarse de los hechos"). Pero entonces el significado de los términos observacionales sería previo y, por tanto, no podría modificarse por cambios en el significado de los términos teóricos. Parece, sin embargo, que entre las muchas suposiciones que se hacen en tal argumento, la mayoría de ellas muy cuestionables, hay que dar especial prominencia a la distinción entre teoría y observación. Pero si esta visión del significado necesita tal distinción para siquiera despegar, avanzarla contra quienes cuestionan la distinción es hacerse de rogar. Aunque los críticos suelen concentrar sus ataques en lo que llaman la "teoría holística del significado" de Kuhn y Feyerabend, no está claro que Kuhn y Feyerabend necesiten comprometerse con ninguna teoría particular del significado.

En cualquier caso, el uso que hace Einstein de los términos "masa" y "longitud" excluye el de Newton. Según Feyerabend, decir que las teorías (o paradigmas) de Einstein y Newton son inconmensurables es decir que los principios para construir conceptos en una *suspenden* los principios de la otra. Es decir, las ideas relativistas utilizadas para entender la masa, la longitud, etc., no permiten el uso de las ideas newtonianas alternativas (1978, 267-285). Esto es similar a la situación perceptiva de la **Figura 1**, en la que ver a la joven no permite la percepción simultánea del dibujo como una vieja bruja (el mismo punto se aplica al cubo Necker). Y seguramente, dado que conceptos como "masa" y "longitud" se utilizan para determinar lo que cuenta como hechos en física, podemos concluir que presentar los hechos de Einstein significa suspender los principios asumidos en la construcción de los hechos newtonianos.

Esta última postura puede sacarnos de una cuestión sobre la que los filósofos han quemado mucha baba para poco provecho. El problema de la inconmensurabilidad se ha entendido como un problema sobre el cambio de significados. Quizá este énfasis fuera natural porque la filosofía analítica, el enfoque dominante en el mundo anglosajón, ha actuado tan a menudo según el credo de que la mayor parte de la filosofía puede reducirse a la filosofía del lenguaje, ya sea formal o natural. Si tan sólo pudiéramos ser directos y rigurosos sobre el significado, nuestros problemas filosóficos quedarían resueltos o simplemente se quedarían en el camino. En cualquier caso, la inconmensurabilidad significa simplemente que no existen normas comunes de medida. Y como indica el párrafo anterior, la conclusión es que puede que no haya conjuntos comunes de hechos para juzgar una teoría o paradigma superior a otro. Pero cuando planteamos la cuestión de este modo, nos damos cuenta de que sólo estamos hablando de la posibilidad de derribar la base empírica. Y esto lo hemos hecho sin espejos semánticos en el capítulo 3.

La extrapolación del caso expuesto en el capítulo 3 a las concepciones de la epistemología lingüística puede haber sido todo un acierto. Pero los puntos esenciales pueden plantearse sin tales batallas de distracción. No se trata de negar que el aire de paradoja rodea la cuestión de la inconmensurabilidad y que un olor bastante distinto de escepticismo se aferra a ella. Si nuestro paradigma o teoría básica determina, entre otras cosas, los constituyentes del mundo, se puede decir que "el mundo cambia cuando cambia la teoría básica". O como dice Kuhn "tras una revolución, los científicos responden a un mundo diferente". "Es más bien", añade, "como si la comunidad profesional hubiera sido transportada de repente a otro planeta en el que los objetos familiares se ven bajo una luz diferente y a los que se unen otros también desconocidos" (111).

A algunos les parece un descubrimiento apasionante sobre la naturaleza de la ciencia. Pero otros consideran que nos enfrentamos a un nuevo problema escéptico. Si el mobiliario del mundo es relativo a nuestra visión del mundo, entonces parece que no hay *pruebas* de que una revolución en la ciencia no conlleve un cambio de mobiliario. Duddley Shapere, por ejemplo, sostiene que, aunque los términos científicos cambien de significado, lo importante es que sigan refiriéndose a los mismos objetos (1964). Pero en este punto Feyerabend puede ser de lo más irritante. ¿Cómo podemos afirmar que los términos utilizados por ambas partes se refieren al mismo objeto o situación cuando nunca tienen sentido juntos (porque el uso de una interpretación excluye la otra)?

En cierto sentido, la insistencia en los mismos objetos y en la identidad de referencia no hace sino empeorar la situación. Es difícil negar que, como Kuhn ilustra tan minuciosamente, los términos "elemento" y "mezcla" se han referido a objetos diferentes en distintos momentos de la historia de la química. En cuanto al mobiliario del mundo, señala Feyerabend, nuestras actividades epistémicas han hecho desaparecer a los dioses y los han sustituido por montones de átomos en el espacio vacío. Sin embargo, se considera que tenemos un problema escéptico en el sentido de que "sabemos intrínsecamente que el mundo no ha cambiado, aunque no podamos demostrarlo". Este es, en pocas palabras, el problema ontológico de la inconmensurabilidad para algunos filósofos. En la medida en que se enuncie de esta manera, el científico medio no estará muy impresionado. Se trata de una cuestión más de justificación que puede considerar separada de sus preocupaciones como científico.

Feyerabend relativizó la cuestión añadiendo que la inconmensurabilidad puede ser un problema para los filósofos, pero no para los científicos. La razón es que los filósofos (analíticos) exigen que los significados sean los mismos en las premisas y en la conclusión de un argumento (o derivación), mientras que cuando los científicos intentan explicar una situación, están dispuestos tanto a seguir reglas como a cambiarlas. Por tanto, son flexibles en lo que respecta a los significados (1988, 272).

Incluso para los filósofos la cuestión de la inconmensurabilidad (semántica) debería haber perdido importancia, aunque el significado de los términos científicos cambie de vez en cuando. Parecía urgente antaño, cuando la filosofía analítica de la ciencia favorecía la opinión de que la derivación lógica era un componente esencial de la explicación científica y que la reducción lógica era el modelo adecuado para el crecimiento del conocimiento científico.

Veremos más adelante, sin embargo, que la suposición de que el mundo es independiente de nuestro sistema de conocimiento puede ser toda una manzana de la discordia al intentar determinar la naturaleza de la física cuántica, una de las grandes disputas científicas desde principios del siglo XX. En ese momento consideraremos si la tesis de la inconmensurabilidad de Kuhn y Feyerabend puede considerarse una extensión adecuada de la interpretación de Bohr de la mecánica cuántica; y en caso afirmativo, si mi propio enfoque, que procede de la biología, puede arrojar algo de luz sobre ambas.

NUEVAS VALORACIONES SOBRE LA OBRA DE KUHN

El problema de la racionalidad de la ciencia se dejará de lado por el momento. Pues antes de proseguir necesitamos comprender las diferencias entre la visión de la ciencia de Kuhn y la avanzada por Feyerabend. Una vez que comprendamos estas diferencias, podremos entender también por qué mientras Feyerabend proclama que la ciencia debe proceder por medios "irracionales", Kuhn encuentra la posición de Feyerabend "vagamente obscena."

REFERENCIAS

Feyerabend, P. K. (1970). "Consolations for the Specialist." En Lakatos, I. y Musgrave, A.E. (Eds.), *Criticism and the Growth of Knowledge.* Cambridge University Press.

Feyerabend, P. K. (1978). *Against Method: Outline of an Anarchistic Theory of Knowledge.* Verso. Primera publicación por New Left Books en 1975.

Feyerabend, P. K. (1988). *Farewell to Reason.*Verso.

Hempel, C. G. (1966). *Philosophy of Natural Science.* Prentice Hall.

Ittelson, W. H., & Kilpatrick, F. P. (1961). *The monocular and binocular distorted rooms.* En F. P. Kilpatrick (Ed.), *Explorations in transactional psychology* (pp. 154–173). New York University Press. https://doi.org/10.1037/11303-008

Kuhn, T. (1970). *The Structure of Scientific Revolutions* (2nd. Edition). Chicago University Press.

Shapere, D. (1964). "The Structure of Scientific Revolutions," *Philosophical Review,* 73.

Theocharis, T. y Psimopoulos, M. (1987). "Where Science has Gone Wrong." *Nature,* Vol. 329.

FEYERABEND
Y LA ANARQUÍA CIENTÍFICA

KUHN VS. FEYERABEND

Paul Feyerabend, que comparte muchos de los puntos de vista de Thomas Kuhn, discrepa con mayor vehemencia sobre el valor del dogmatismo en la ciencia. Kuhn, como hemos visto, cree que un compromiso de una sola mente con un paradigma nos obliga finalmente a buscar un sustituto, no mediante discusiones abstractas sobre posibilidades, sino mediante procedimientos en estrecho contacto con la naturaleza, "y por tanto, en última instancia", escribe Feyerabend, "mediante la naturaleza misma" (1970, 201-202).[1]

Kuhn afirma correctamente que un punto de vista global se abandona no porque tenga anomalías, sino porque es sustituido por una alternativa. Así pues, las anomalías no refutan un paradigma, pero pueden provocar una crisis si se las considera suficientemente importantes (pues entonces el fracaso en asimilarlas adquiere una gran significación). Y Feyerabend está en gran medida de acuerdo (202).

Ninguna anomalía, sin embargo, señala Feyerabend, es tan importante como la que un competidor afirma haber explicado, es decir, ninguna anomalía acentúa más la pérdida de confianza en el paradigma. La razón es que, como cree Kuhn, un paradigma se acepta sobre la promesa de un rendimiento futuro, sobre la promesa, es decir, de que demostrará ser la mejor manera de concebir el mundo (1970, 23-24 157-158). Cuando un posible paradigma competidor parece funcionar mejor, nuestra fe en la promesa de nuestro paradigma asediado por la anomalía puede tambalearse. Así, pensó Feyerabend, crearemos más crisis, y por tanto un cambio más fructífero, en los propios términos de Kuhn, proporcionando un mecanismo para reforzar las anomalías. Para lograr este objetivo, la ciencia debe organizarse de modo que exija la *generación continua de alternativas*. A esto Feyerabend lo denomina el *principio de proliferación* (197-230).

---

[1] Gran parte del contenido de este capítulo se ha visto influenciado en gran medida por mis libros *Radical Knowledge* (1981) y *Evolution and the Naked Truth* (1998), así como por mis artículos (2000 y 2015) recogidos en las Referencias.

Así pues, Kuhn sólo podrá defender el dogmatismo si se demuestra que el compromiso tenaz con un punto de vista es la mejor forma de lograr un cambio revolucionario, por no decir la única. Esto está ahora en entredicho.

Ahora bien, la expectativa puede ser doble: Nos permite ver, pero también puede impedirnos ver. ¿Podemos hacerlo mejor? Sí, si disponemos de más de un conjunto de expectativas a las que recurrir. Ése es el argumento de Feyerabend. Por supuesto, puede resultar difícil para un mismo individuo mantener conjuntos alternativos de expectativas. Por otra parte, en una disciplina en la que no se descarta la proliferación, algunos individuos pueden desarrollar una visión diferente del mundo y, por tanto, estar en posición de señalar áreas de dificultad que los demás miembros de la disciplina probablemente no noten. Ese es el primer paso.

El segundo paso es que en las mismas áreas en las que el punto de vista estándar se enfrenta a anomalías, el rival puede pretender haber explicado esas mismas anomalías. Si es así, puede resultar mucho más difícil para los defensores del punto de vista estándar considerar las anomalías como meras rarezas de las que se podría ocuparse más adelante. El fracaso en la articulación del paradigma puede adquirir entonces una gran importancia precisamente por la acuciante posibilidad de que las categorías del paradigma no proporcionen la mejor caja en la que archivar la experiencia en cuestión. Y esta sospecha de fatalidad crece en proporción a la facilidad demostrada por el punto de vista rival.

Entonces se presentan dos resoluciones: (1) los defensores del punto de vista estándar consiguen asimilar la anomalía, o (2) se produce una crisis que puede desembocar en un cambio de paradigma. Cualquiera de las dos resoluciones se ve impulsada por la presencia de un rival. Sin la competencia de ese rival no habría habido motivación para preocuparse en primer lugar. Es decir, incluso según las propias especificaciones de Kuhn, a la disciplina científica no le habría ido tan bien. La cuestión no es realmente tan intrincada. Es posible descubrir los propios defectos mediante la introspección. Pero la gran mayoría de nosotros nos enteramos de nuestras faltas gracias a todos aquellos que nos rodean y que están sencillamente encantados de señalárnoslas.

Por otro lado, de Kuhn hemos aprendido— contra el falsacionismo— que no se debe abandonar un punto de vista simplemente porque fallen algunas de sus predicciones. Hay que dar tiempo a un punto de vista para que se desarrolle, para que cumpla su promesa original. Así pues, el compromiso con un punto de vista es crucial para la ciencia (Feyerabend lo denomina *principio de tenacidad*). Donde Kuhn va demasiado lejos es en su insistencia en que *toda la disciplina* se dedique a un solo punto de vista. Es más fructífero para la ciencia, dice Feyerabend, tener varios grupos que compitan entre sí y trabajen en aquellas ideas que les parezcan especialmente prometedoras. También es una perspectiva más humanitaria, ya que, en lugar de la imposición autoritaria de un punto de vista dominante, permite la búsqueda individual de la felicidad del científico a través de su trabajo científico.

A este respecto, Feyerabend recurre a dos nociones sencillas. En primer lugar, las personas trabajan mejor en aquellas cosas que más les gustan. Así pues, hay que animar a los científicos a desarrollar aquellas visiones de la naturaleza que por alguna razón les hayan llamado la atención. En segundo lugar, la calidad del trabajo mejora cuando un desafío fuerte señala el camino en una dirección que podría mejorarse. Sin ese desafío nos volvemos complacientes, e incluso si queremos mantenernos alerta podemos no ver los defectos de nuestras teorías favoritas porque estamos demasiado cerca de ellas, o porque carecemos de suficiente imaginación, o por muchas otras razones. Así pues, la competencia nos ayuda en nuestra búsqueda de la excelencia.

El principio de proliferación y, dentro de su acción, el principio de tenacidad, conducen a una mayor felicidad humana. Esos dos principios también crean las condiciones para un cambio y una mejora fructíferos. Por consiguiente, tanto la humanidad como la ciencia son mejores por su presencia. La insistencia de Kuhn en la restricción del principio de tenacidad a un solo punto de vista es el tipo de dogmatismo que se interpone en el camino de lo que el propio Kuhn considera ventajoso. Por otra parte, la rígida búsqueda de rechazo del falsacionista priva a la ciencia de la profundidad que le ofrece la tenacidad, sin contribuir a la felicidad individual, ya que los científicos se ven obligados a renunciar a lo que puede intrigarles. Parece que Feyerabend nos ofrece la oportunidad de tener nuestro pastel científico y comérnoslo también.

Como ilustración histórica, Feyerabend nos recuerda la tensión entre visiones opuestas de la materia en el siglo XIX: la mecánica, relacionada con la invención de la teoría fenomenológica del calor, y la implícita en la electrodinámica de Maxwell. La tensión provocó los problemas que condujeron a la teoría especial de la relatividad y a la teoría cinética del calor (ambas desarrolladas principalmente por Einstein). No es necesario discutir los méritos de esta ilustración particular porque estrictamente hablando no es necesaria ninguna ilustración. Para demostrar que el dogmatismo no es esencial basta con mostrar que la ciencia podría proceder sin él. Feyerabend incluso lo mejora: la ciencia *podría* proceder mejor sin él.

Feyerabend no afirma que la ciencia progrese de hecho. Piensa que su posición sobre la inconmensurabilidad lo impide. Entonces, ¿por qué afirma que el panorama que presenta es el más fructífero para la ciencia? Porque deja la evaluación del progreso en manos de cada individuo (o de cada grupo individual). Sólo indica a las distintas partes cómo pueden alcanzar mejor sus propios objetivos adhiriéndose a los principios de la tenacidad y permitiendo el funcionamiento de los principios de la proliferación. Si mediante la confrontación continua con los puntos de vista rivales Marie se ve estimulada a mejorar su propio punto de vista – donde la mejora se mide según sus propios criterios – entonces su trabajo se ha visto beneficiado. Si, por el contrario, descubre que la competencia ha sacado lo mejor de ella – de nuevo, por las razones que sean – abandona su punto de vista y adopta el otro. En este caso su trabajo también se ha beneficiado. La combinación adecuada de los principios de tenacidad y proliferación aumenta las posibilidades de beneficio científico de la científica desde su *propio punto de vista metodológico*.

Ésta es sólo una variación del gran tema de Feyerabend de la anarquía científica. Su sintonía contra el dogmatismo de Kuhn es una adaptación de un planteamiento general que desarrolló contra las metodologías estándar. "El anarquismo", escribe Feyerabend al comienzo de su libro *Against Method*, "aunque quizá no sea la filosofía política más atractiva, es sin duda una excelente medicina para la epistemología y para *la filosofía de la ciencia*" (1978a, 17). Lo que Feyerabend quiere demostrar es que incluso las metodologías más obvias tienen sus limitaciones. Para el empirismo, por ejemplo, no tiene sentido utilizar hipótesis que contradigan teorías bien confirmadas, y menos aún hipótesis que contradigan resultados experimentales bien establecidos. Pero ya vimos en el capítulo 3 cómo Feyerabend demuestra que tales hipótesis pueden utilizarse para gran ventaja de la ciencia. Pero, ¿por qué? ¿Cómo podemos hacer avanzar la ciencia procediendo de forma contrainductiva?

La razón, como habremos supuesto por el alegato de Feyerabend contra el dogmatismo de Kuhn, es que esas hipótesis contrainductivas nos aportan pruebas que no pueden obtenerse de ninguna otra forma. A menudo, los prejuicios no se descubren por análisis, sino por contraste. Si, como hemos visto, cada hecho ya se ve de una determinada manera, y para progresar a menudo es necesario ver los hechos de una forma diferente, entonces simplemente necesitamos formas alternativas de ver. En cuanto al conflicto entre esas hipótesis contrainductivas y los hechos— y es ese conflicto el que presumiblemente las hace contrainductivas— debemos recordar que ninguna teoría coincide nunca con todos los hechos de su dominio. Ya hemos visto por qué debería ser así (por ejemplo, la explicación de Kuhn de cómo un paradigma es una promesa de resultados y no una colección de ellos). Si tal conflicto es motivo para desechar una teoría, entonces deberíamos desechar todas las teorías. La razón principal para no temblar a la sombra de los hechos, como vimos en el capítulo 3, es que los hechos están constituidos por ideologías más antiguas y, por tanto, un choque entre hechos y teorías puede ser en realidad una indicación de progreso. Una indicación de que nuestra sonda está entrando en contacto con algunos de los principios asumidos en las nociones observacionales conocidas.

A menudo se dice que no podemos salirnos de la ciencia para ver si representa el mundo. Se supone que este simple punto pone en entredicho la idea de que la verdad es la correspondencia con la realidad. Y puede que así sea. Pero aún podemos observar la relación entre nuestra ciencia y el mundo comparando nuestra ciencia con una interpretación alternativa de cómo es el mundo. Como dice Feyerabend, *"necesitamos un mundo onírico para descubrir las características del mundo real que creemos habitar* (y que en realidad puede no ser más que otro mundo onírico)" (32). En esto Feyerabend se hace eco de John Stuart Mill (1859). Si nuestras opiniones actuales son correctas, al criticarlas desde otro punto de vista llegamos a comprenderlas mejor. Y si no son correctas, ganamos la oportunidad de sustituirlas.

Sin embargo, si esto es así, nos damos cuenta de que cualquier idea, por antigua o absurda que sea, es capaz de mejorar nuestro conocimiento. Esto suena al principio absurdo. Por ejemplo, por fin nos hemos librado de todas esas tonterías aristotélicas en la ciencia. ¿Por qué traerlas de vuelta? Pero entonces, muchas de las ideas centrales de la ciencia moderna se consideraron en su día absurdas. Consideremos, por nombrar sólo tres, el heliocentrismo, sostenido por Aristarco; el atomismo, sostenido por Demócrito; y la evolución, sostenida por Lamarck y antes que él por personajes aún más desprestigiados. Por supuesto, las versiones modernas de esas ideas son muy diferentes. Pero el hecho es que pensadores como Copérnico, Dalton y Darwin encontraron promesas en esas ideas desacreditadas y se tomaron la molestia de desarrollarlas. A esos pensadores debemos en gran parte la gloria de la ciencia moderna. Aquí encontramos en acción tanto los principios de la proliferación como los de la tenacidad.

El funcionamiento de estos dos últimos principios hace que la ciencia parezca mucho más "chapucera" e "irracional" que su imagen metodológica. Pero como hemos visto, el intento de hacer que la ciencia se ajuste a esa imagen metodológica, el intento, es decir, "de hacer que la ciencia sea más 'rational' y más precisa está destinado a aniquilarla". Pues, como sostiene Feyerabend, "lo que aparece como 'chapucería', 'caos' u oportunismo cuando se compara con esa [imagen] tiene una función importantísima en el desarrollo de esas mismas teorías que hoy consideramos partes esenciales de nuestro conocimiento de la naturaleza" (179). Pero entonces, desde el punto de vista del metodólogo no se puede descartar nada, *todo vale*. Y si la metodología se equipara a la razón, la ciencia es y debe ser una empresa irracional.

Feyerabend llega a esta posición no por el mero examen de casos históricos, sino por un examen histórico respaldado por "un análisis de la relación entre idea y acción". O como dijo una vez Einstein "Las condiciones externas que le son fijadas [al científico] por los hechos de la experiencia no le permiten dejarse restringir demasiado, en la construcción de su mundo conceptual, por la adhesión a un sistema epistemológico. Por lo tanto, debe aparecer ante el

epistemólogo sistemático como una especie de oportunista sin escrúpulos..."
(1951, 68 3f).

La situación es entonces la siguiente. Según el racionalista, alias metodólogo, alias epistemólogo sistemático, ciertos acontecimientos de la historia de la ciencia constituyen un progreso. Pero, señala Feyerabend, para que se produzcan esos acontecimientos algunos científicos tienen que ser lo suficientemente oportunistas como para adoptar "cualquier procedimiento que parezca ajustarse a la ocasión". Esto significa que incluso la mejor de las reglas metodológicas *debe* ser violada de vez en cuando. Esta limitación inherente a todas las reglas implica que nada puede excluirse de una vez por todas. Para un metodólogo esto equivale a admitir que *todo vale*. Por lo tanto, *desde el punto de vista del metodólogo*, la anarquía será ocasionalmente esencial para la ciencia.

¿HASTA DÓNDE LLEGA LA ANARQUÍA CIENTÍFICA?

Este principio de "anarquía" es el único que no inhibe el progreso, según Feyerabend. Pero, ¿puede darse realmente el caso de que en ciencia todo valga? Aunque Feyerabend señala a veces cómo ideas que hoy se consideran absurdas tienen mucho que ofrecer, lo hace en parte con fines retóricos y en parte para molestar a sus educados oponentes. Pues no defiende que todas las ideas y procedimientos se adapten igual de bien a todas las circunstancias. Al contrario, en el caso de Galileo y otros ilustra cómo algunas ideas y procedimientos específicos fueron especialmente útiles. "Todo vale" no desde su punto de vista, sino desde el punto de vista de quien piensa que sólo ciertas ideas o procedimientos son admisibles. La anarquía está, pues, en el ojo del espectador racionalista. Si la anarquía significa ignorar de vez en cuando las reglas del racionalista, entonces la ciencia requiere anarquía. Esto no quiere decir que las reglas no se apliquen nunca. Si todo vale, la "razón" a veces también. Tampoco se trata simplemente de un bromuro en el sentido de que, puesto que la ciencia es una actividad humana, *no puede* ser perfectamente racional. Se trata más bien de que la ciencia *no debe* serlo si quiere lograr el progreso.

Feyerabend tampoco propone una nueva metodología (una metodología contrainductiva, por ejemplo: Avanzar teorías inconsistentes con los hechos, etc.). Lo que no podemos hacer es precisamente especificar de antemano si se aplicarán las reglas inductivas o las contrainductivas. Esto no cambiaría, aunque, de algún modo, pudiéramos prever el contexto al que se enfrentarán los científicos. Pues las diferentes elecciones que podrían hacer al enfrentarse a un nuevo contexto pueden cambiar por sí mismas ese contexto de muchas maneras diferentes. Cuando Dalton importó a la química sus nociones de proporciones simples, cambió, como consecuencia, los conceptos de mezcla y compuesto, así como las normas de explicación química.

No obstante, resulta extraño que Feyerabend parezca estar bendecido con un conocimiento tan especial sobre lo que es bueno y lo que es malo en la ciencia. Desde luego, parece no tener reparos en utilizar palabras como "progreso", "avance", "mejora", etc. ¿Acaso existe al menos una forma racional de valorar los episodios de la historia de la ciencia? Pero Feyerabend no tiene que dilucidar si un episodio u otro constituyó realmente un progreso. Se limita a señalar que una dosis de "anarquía" marcó la diferencia en aquellos casos en los que los científicos tienden a estar de acuerdo en que constituyeron un progreso.

¿No existen algunos límites dentro de los cuales debe operar la ciencia si quiere seguir siendo ciencia? O, ya que Feyerabend intenta vencer al metodólogo en su propio juego, ¿no existen algunas condiciones que no pueden violarse si queremos tener progreso en el sentido estándar? Concedamos a Feyerabend que las reglas metodológicas tradicionales desarrolladas por inductivistas y falsacionistas no servirán en ese papel. Pero, ¿no existen otras condiciones racionales? Veamos cuáles pueden ser. Una candidata obvia, especialmente para alguien formado en filosofía, es que la ciencia no debe violar las reglas de la lógica. La otra, quizá igualmente obvia, es que la práctica científica debe estar libre de interferencias políticas. Analicémoslas sucesivamente. Pero antes de hacerlo, debemos tener en cuenta que sólo estamos intentando ver ahora hasta dónde puede llegar la marca de Feyerabend de anarquía científica. Incluso si estas dos condiciones demuestran no tener excepciones, no serán suficientes para que el método universal regrese de la tumba.

LA LÓGICA COMO LÍMITE

No culparé a Feyerabend de los principales puntos expuestos en esta sección, aunque recuerdo más o menos que les echó una mirada amable cuando los publiqué (1982).

Seguramente, pensarán algunos críticos de Feyerabend, la ciencia debe ajustarse a los dictados de la lógica. Pero, ¿por qué debería hacerlo? No se puede pedir a la ciencia que obedezca todas las leyes que los lógicos consideran intuitivas. Las teorías de la supergravedad, por ejemplo, utilizan números que no obedecen la ley de la conmutación (A X B = B X A); de hecho, algunas operaciones vectoriales tampoco obedecen esa ley. Quizá lo que esos críticos piden en cambio es que la ciencia no se vea empañada por la incoherencia. La contradicción es la marca del absurdo en materia intelectual. La ciencia, la reina del intelecto, debe evitarla como la peste. O eso parece.

Sin embargo, en la práctica de la ciencia se descubren constantemente incoherencias, y en la historia de la ciencia encontramos algunos avances muy importantes que han sido acusados de flagrante incoherencia. Uno de los más famosos es la teoría atómica inicial de Bohr. Según cuenta la historia, se suponía que los electrones estaban en órbita alrededor del núcleo. Pero como los electrones están cargados, deberían irradiar energía de acuerdo con las leyes de la electrodinámica de Maxwell. Desgraciadamente, a medida que los electrones irradian, deberían perder energía y, por tanto, sus órbitas deberían decaer y acabar colapsándose. Pero el modelo exigía órbitas estables, como debe ser ya que los átomos no tienen la costumbre de implosionar. Así pues, se dice que la teoría se construyó sobre bases inconsistentes. Además, todos los implicados eran conscientes del problema, pero, a pesar de ello, siguieron adelante. Ahora bien, esta teoría atómica fue un gran avance. Entonces, ¿qué debemos hacer con ella? Haber desechado la teoría desde el principio a causa de la contradicción demostraría, como dice Feyerabend, que el intento de eliminar las contradicciones puede eliminar también "o bien afirmaciones fácticas importantes, o bien la capacidad de crecimiento de la teoría, o bien su fertilidad en el tratamiento de problemas concretos" ("En defensa de Aristóteles", 1978b, 154). Se pueden hacer observaciones similares sobre varios intentos de axiomatizar, y por tanto hacer lógicamente impecables, ciertas partes de la física cuántica.

Lakatos sugiere que es posible que una teoría (un programa de investigación en su esquema) progrese sobre fundamentos incoherentes. Pero los científicos saben que en algún momento deben enfrentarse a la incoherencia y eliminarla (1970). Sin embargo, si se permite la incoherencia porque la ciencia con esa incoherencia en ella está progresando, ¿por qué habría que eliminarla más tarde? Sólo, al parecer, si la incoherencia se interpone finalmente en el camino del progreso. Y algunas seguramente lo hacen. Si el propio enunciado de la teoría es contradictorio, uno no sabría qué hacer con él. Si en un punto crucial de la investigación la teoría conduce a expectativas contradictorias, habrá que buscar una reformulación coherente de la teoría. De lo contrario, no parece haber ninguna razón, aparte de la puntillosidad filosófica, para detener una investigación que está produciendo una buena cosecha. Por supuesto, *puede* ocurrir que eliminar la incoherencia proporcione un mayor estímulo. En ese caso, vale la pena intentarlo. Todas estas maniobras suenan bastante razonables. Pero prestemos atención a lo que suena razonable. El grado de preocupación que debe suscitar una incoherencia parece depender de a *qué* más tenga que renunciar el científico. Así pues, la búsqueda de la coherencia, aunque obvia en muchas situaciones, tiene limitaciones, no muy distintas de las reglas metodológicas anteriores discutidas por Feyerabend.

Ludwig Wittgenstein hizo una observación similar sobre las matemáticas: "Si ahora se encontrara realmente una contradicción en la aritmética, eso sólo probaría que una aritmética con tal contradicción en ella podría prestar muy buen servicio; y será mejor para nosotros modificar nuestro concepto de la certeza requerida, que decir que realmente no habría sido todavía una aritmética adecuada" (1967, 181e). En lo que respecta a la ciencia, tal resultado debería esperarse. Muchas teorías son germinales, injertadas en otros puntos de vista, como de hecho lo fue la teoría atómica de Bohr. Las que son bastante originales son en algún momento embrionarias y deben desarrollarse. Y las que son bastante revolucionarias es probable que estén desfasadas respecto a las teorías auxiliares predominantes (véase el capítulo 3). Así pues, la ciencia se compone de muchas partes diferentes y esas partes están destinadas a entrar en conflicto con otras. Las incoherencias parecen, por tanto, prácticamente inevitables. Si se debe eliminar la incoherencia y cómo hacerlo depende de muchas consideraciones. Dejar que el lógico imponga reglas duras y rápidas a este respecto traería a la ciencia un caso grave de anemia inducida por la lógica.

El horror a la contradicción surge en gran medida de la conocida sentencia de que si una teoría contiene una contradicción, implica cualquier cosa y, por tanto, carece de valor. Pero hemos visto que en la práctica real de la ciencia esto no tiene por qué ser así. Por un lado, derivar consecuencias lógicas significativas en ciencia no es tan fácil. Por otra, determinar qué hacer con una contradicción tampoco suele ser fácil. Además, el científico aún puede reconocer que las contradicciones son malas noticias sin dejar que el lógico le lleve de las narices.

En cualquier caso, ¿por qué las contradicciones implican cualquier cosa? Porque, según el lógico, una inferencia es válida si es imposible que todas sus premisas sean verdaderas y la conclusión falsa. Así, la siguiente inferencia:

Todos los latinos son buenos amantes
Yo soy latino
Por lo tanto, soy un buen amante

es lógicamente válida. Que las dos premisas sean verdaderas o no no viene al caso. La cuestión es, en cambio, que, si las dos premisas son verdaderas, la conclusión no puede dejar de serlo. Por tanto, el argumento es válido. Si las premisas son realmente verdaderas, la conclusión también lo será. En ese caso se dice que el argumento es sólido además de válido.

Observe ahora que dos premisas contradictorias no pueden ser ambas verdaderas. No puede ser que Feyerabend haya nacido en Austria y que no haya nacido en Austria. Pero entonces una inferencia a partir de premisas contradictorias siempre será válida, ya que será imposible que todas las premisas sean verdaderas mientras que la conclusión sea falsa. Así, de la contradicción sobre el nacimiento de Feyerabend podemos concluir lógicamente que los dragones existen. Y también podemos concluir que los dragones no existen. Si por casualidad algún pobre profano (o estudiante) se siente confundido al calificar de válidas tales inferencias, nos apresuramos a señalar que son válidas, pero no sólidas. De este modo, los casos extraños se vuelven inofensivos.

Sin embargo, la historia no acaba ahí. Toda inferencia (o argumento, si lo preferimos) tiene lo que se denomina un condicional correspondiente (es decir, una frase "si...entonces..."). El condicional: "Si todos los latinos son grandes amantes y yo soy latino, entonces soy un gran amante" corresponde a la inferencia dada anteriormente. Ahora bien, una inferencia es válida si y sólo si su condicional correspondiente es una verdad lógica. Decir que una frase es una verdad lógica es decir que resulta verdadera independientemente de cuáles sean los valores reales de verdad (verdadero y falso) de sus componentes. Tomemos por ejemplo la frase "Soy marciano o no lo soy". Esta frase es verdadera si soy marciano y verdadera si no lo soy, ya que ambas posibilidades están cubiertas. No hay más posibilidades; por tanto, la frase será verdadera pase lo que pase.

Se requiere entonces que las inferencias válidas tengan verdades lógicas como condicionales correspondientes. El problema es que los condicionales de la lógica son muy peculiares. De hecho, no son equivalentes a los de las ciencias o de la vida real. Un condicional de la lógica, llamado "condicional material", tiene un antecedente (la frase que sigue al "si") y un consecuente (la frase que sigue al "entonces"), igual que los condicionales reales. También comparte otra propiedad con los condicionales reales: siempre que el antecedente sea verdadero y el consecuente falso, todo el condicional se considera falso (por ejemplo, "Si China tiene mucha gente, los chinos están exentos de enfermedades").

Aquí termina la similitud. Pues los condicionales materiales son verdaderos bajo cualquier otra condición. Por ejemplo, en la lógica de los lógicos, lo siguiente es cierto: "Si la luna está hecha de queso, el problema de la población humana se debe a una sobreproducción de cigüeñas". La razón es simplemente que el antecedente es falso, y todos los condicionales materiales con antecedentes falsos son automáticamente verdaderos. No es necesario que exista conexión alguna entre el antecedente y el consecuente. Por el contrario, en los condicionales de la ciencia encontramos a menudo una conexión causal entre antecedente y consecuente (por ejemplo, "si la masa de esa estrella es 100 veces la del sol, acabará convirtiéndose en un agujero negro").

La consecuencia de esta línea de pensamiento es que los condicionales materiales no son aplicables en la ciencia. Y una de las razones principales es precisamente que pueden hacerse verdaderos simplemente teniendo un antecedente falso. Pero, y aquí llegamos al punto crucial: Una inferencia presuntamente válida debe tener un condicional correspondiente que sea siempre verdadero. La determinación de tal verdad debe hacerse, para el lógico, en términos de su definición del condicional material. Es decir, esa determinación dará un valor de verdadero en todos los casos en los que el antecedente sea falso. Por supuesto, estos casos incluirán antecedentes con contradicciones en ellos— precisamente los condicionales que corresponden a las desconcertantes inferencias válidas. Pero ¡estos casos son inadmisibles en ciencia! Y puesto que la noción de validez lógica está ligada a la de condicional material, ¡tal noción de validez también es inadmisible en la ciencia! En otras palabras, la lógica de los lógicos no se aplica a la ciencia (al menos no plenamente).

Creo que este resultado no es una mala reflexión sobre la ciencia. En todo caso, sólo señala las limitaciones de la lógica estándar. En cuanto al horror a la contradicción, ahora podemos situarlo en una perspectiva más adecuada. La razón de tal horror ya no puede ser que una contradicción implique nada en absoluto. Esto sólo es así si se adopta una determinada definición de validez. Pero esa definición no se aplica en la ciencia. Quienes sostienen que la ciencia debe ajustarse a los dictados de la lógica o, de lo contrario, enfrentarse a vinculaciones promiscuas, suponen que la lógica sí se aplica a la ciencia. Asumen la propia lógica en cuestión.

Estas dos líneas de ataque, la primera basada en la forma en que se desarrollan los puntos de vista científicos, la segunda en las peculiaridades de la lógica, deberían hacernos comprender que incluso la norma de la coherencia tiene algunas limitaciones.

Por cierto, también podemos observar que la lógica de los filósofos no se aplica a lo que la mayoría de los humanos considerarían la vida real, ya que en la vida real también esperamos que los antecedentes y los consecuentes de nuestros condicionales estén relacionados por sus materias.

LA AUTONOMÍA POLÍTICA DE LA CIENCIA COMO LÍMITE

Probablemente, lo que más preocupa a muchos científicos es la idea de que la ciencia debe estar libre de la intervención política. Esto es perfectamente comprensible. La historia de la ciencia deja demasiado claro lo que los fanáticos religiosos con poder político pueden hacer a la práctica de la ciencia. Del mismo modo, las presiones marxistas farisaicas contra los científicos rusos produjeron muchos episodios vergonzosos y provocaron graves reveses para la genética y la informática rusas. Las consideraciones políticas interfieren en la satisfacción de la curiosidad intelectual y, por tanto, son contrarias a la búsqueda de la ciencia.

Sin embargo, ésta puede ser una visión demasiado limitada del asunto. Según Feyerabend, el establishment científico puede llegar a ser tan omnipresente y poderoso que a las opiniones y prácticas científicas contrarias se les niegue una audiencia y la oportunidad de desarrollarse, por no hablar de competir en el mercado de las ideas. Tan atrincherado puede llegar a estar el poder científico que sólo una agencia externa puede restaurar la libertad intelectual. A veces, es decir, la proliferación debe ser impuesta por la intervención política. Creo que este es un buen punto teórico hasta donde llega. Pero si se aplica a alguna situación real es una cuestión totalmente diferente.

Feyerabend sí afirma que la ciencia se ha convertido en una vaca sagrada. Pero aunque se equivoque en eso, su argumento principal sobre los límites de los principios de la autonomía política de la ciencia no se ve afectado. Siempre debemos guardarnos de infligir a los demás la tiranía intelectual que la ciencia ha tenido que soportar tan a menudo en su historia. No obstante, vale la pena considerar ahora una de las ilustraciones de Feyerabend. Según él, las fuerzas de Mao actuaron correctamente al obligar al estamento médico de China a aceptar una especie de asociación con la medicina tradicional (fitoterapia, acupuntura, etc.). La medicina científica había estrangulado bastante las prácticas alternativas, por lo que fue correcto por parte de Mao dar a esas prácticas alternativas la oportunidad de mostrar lo que tenían que ofrecer. La proliferación resultante tuvo algunas consecuencias muy buenas para la medicina en su conjunto, según Feyerabend. Y, en efecto, los horizontes médicos se ampliaron en muchos aspectos. Pero esta ilustración no puede tomarse como un respaldo general a Mao, y menos aún como un estímulo a la intervención política en la ciencia sean cuales sean las circunstancias. Tampoco hay que negar que algunas técnicas muy tontas de la medicina tradicional se pusieron en práctica en China: tragar renacuajos como anticonceptivos, por ejemplo (para una amplia crítica, véase mi artículo de 1991). Sin embargo, como J.S. Mill señaló hace mucho tiempo, sólo en público pueden exponerse adecuadamente los defectos de las ideas.

OBJECIONES A LA NUEVA FILOSOFÍA DE LA CIENCIA

Muchas de las objeciones estándar contra Kuhn y Feyerabend ya han sido discutidas en los dos últimos capítulos. He dejado para el final algunas cuestiones candentes que, al parecer, algunos consideran decisivas. La más candente se refiere a la naturaleza de las propias pruebas que Kuhn y Feyerabend han utilizado contra los puntos de vista estándar en filosofía de la ciencia. Kuhn y Feyerabend han utilizado la historia para exponer sus argumentos. Pero, ¿cómo saben que se puede confiar en la historia de la ciencia hasta ese punto? ¿Cómo es que los "hechos" de la física, la astronomía y la química pueden ser derribados, pero debemos mostrar reverencia por los "hechos" de la historia? Kuhn y Feyerabend no pueden tenerlo todo. De hecho, parece más razonable suponer que la física es más fiable que la historia. Por lo tanto, si se acepta la tesis de Kuhn y Feyerabend contra la distinción teoría-observación, sus pruebas no valen tanto.

En respuesta, hay que considerar varios puntos importantes. El primero es que cuando la objeción se dirige contra Feyerabend se malinterpreta la estructura de su argumento. Para ver esto más claramente vale la pena considerar primero una objeción similar. Según esta otra objeción, Feyerabend argumenta contra la razón en la ciencia. Pero para establecer su conclusión, Feyerabend tiene que utilizar la razón. Si la razón no es buena, los medios de Feyerabend para establecer su conclusión tampoco lo son. Así pues, Feyerabend debe comprometerse con la corrección de la razón. Desgraciadamente para él, esta consecuencia invalida su conclusión.

Sin embargo, lo que esta objeción pasa completamente por alto es que Feyerabend no necesita comprometerse con la corrección de la razón, ya sea como argumento racional o como reglas metodológicas. Como dice una y otra vez, su argumento es una *reductio ad absurdum* (reducción al absurdo), y una bastante simple, por cierto. En una *reductio* uno asume en *aras de la argumentación* la posición del oponente, y luego deriva una conclusión inaceptable para ese oponente (es decir, reduce su posición al absurdo). Se trata de una técnica de razonamiento tan directa y común que el planteamiento de esta objeción por parte de los profesionales debería contemplarse con puro asombro. Como dice, por ejemplo: "Un anarquista es como un agente encubierto que juega el juego de la Razón para socavar la autoridad de la Razón" (32-33).

Por supuesto, si la razón no es buena Feyerabend no tiene argumento; pero no lo necesita, puesto que la conclusión ya está establecida (véase mi 2000).

Ahora podemos considerar la objeción inicial. ¿Cómo puede Feyerabend confiar en los "hechos" de la historia después de socavar los "hechos" aparentemente mucho más sólidos de la física, la astronomía, la química y similares? Además, ¿argumenta ahora Feyerabend que las metodologías son refutadas por los hechos y, por tanto, tienen que desaparecer? ¿Acaso no argumentó en contra de esta misma forma de prescindir de los puntos de vista? Pero todo lo que Feyerabend hace, todo lo que tiene que hacer, es proporcionar al racionalista afirmaciones que estará muy inclinado a aceptar, dado su estado de ánimo racionalista, y que al mismo tiempo crearán serios problemas para algún que otro punto de vista racionalista favorito.

Adopte el punto de vista de que las observaciones no deben estar contaminadas por suposiciones teóricas, una de las creencias clave del Empirismo. Entonces Feyerabend puede señalar que Galileo, presumiblemente uno de los grandes héroes del Empirismo, escribió que la caída vertical de piedras desde una torre alta, que aportaba pruebas cruciales contra el punto de vista copernicano, tenía que suponer que la Tierra no se movía, el punto en cuestión (cap. 3). Que si suponemos que la Tierra sí se movía, entonces las piedras no caerían en línea recta, sino que sólo lo parecerían. Así pues, los "hechos", si las piedras caen vertical o parabólicamente, son suposiciones teóricas. Fue, pues, Galileo, quien formuló el argumento que destruye el empirismo. Feyerabend se limita a ponerlo en conocimiento del empirista, llevándole a la angustia intelectual.

Tras el trabajo de Fresnel a principios del siglo XIX, muchos experimentos defendieron de forma abrumadora la teoría ondulatoria de la luz. Pero a pesar de todas esas pruebas, Einstein escribió su artículo sobre el efecto fotoeléctrico, en el que defendía, teóricamente, una teoría de partículas de la luz (fotones). ¿Einstein era un despistado intentando hacer ciencia? Algunos científicos así lo creyeron en su momento, aunque quizá se mostraron aún más hostiles hacia la teoría de la relatividad. Con el tiempo ganó el Premio Nobel por ese único trabajo. Y ahora es probable que hasta el metodólogo más estricto esté de acuerdo en que Einstein fue uno de los grandes científicos de todos los tiempos.

No está claro, sin embargo, que Kuhn también pretenda ofrecer una *reductio*. Pero la objeción tampoco funciona en su contra. En primer lugar, Kuhn no afirma que el conflicto con los hechos históricos obligue a abandonar la epistemología tradicional de la ciencia.

> Los hechos históricos contrarios] por sí mismos... no pueden y no falsarán esa teoría filosófica, pues sus defensores harán lo que ya hemos visto hacer a los científicos cuando se enfrentan a una anomalía. Idearán numerosas articulaciones y modificaciones *ad hoc* de su teoría para eliminar cualquier conflicto aparente. (1970, 78).

Tales anomalías históricas pueden entonces, en el mejor de los casos, "contribuir a crear una crisis o, más exactamente, a reforzar una ya muy existente". Su principal contribución a la epistemología de la ciencia es que hacen posible "la aparición de un análisis nuevo y diferente de la ciencia dentro del cual ya no son una fuente de problemas" (78). Este es, por cierto, el tipo de desarrollo que hemos visto en el capítulo anterior.

El punto clave en cuestión es el derrocamiento de la base empírica. Si se puede hacer para la física, seguramente también se puede hacer para la historia. Pero entonces, a las visiones de la ciencia que se toman en serio los hechos históricos se les puede tirar de la manta no menos que a las teorías de la física o la astronomía. Esto debe reconocerlo un enfoque sociohistórico o naturalista. Sin embargo, no tenemos mucho que objetar. Al fin y al cabo, la tarea que nos ocupa exigiría el derrocamiento de la actual base empírica sociohistórica que han utilizado Kuhn y Feyerabend. Así pues, las teorías de la ciencia están en el mismo barco que las teorías científicas: Pueden ser sustituidas por alternativas que cambien los "hechos" sobre ellas. Pero esa posibilidad no les resta valor. Por lo tanto, no habrá ninguna objeción decisiva en la línea actual, a menos que la base empírica de la visión naturalista de la ciencia en cuestión sea realmente derribada. La pelota está entonces en el campo de los adversarios, ¡y qué jugada tan difícil!

Esta respuesta a la objeción tiene algunas consecuencias muy significativas para la filosofía de la ciencia. Ocurre muy a menudo en filosofía que señalar que un punto de vista *podría ser* erróneo equivale a demostrar que *lo es*. La razón es que la filosofía se interpreta como una disciplina puramente conceptual, incluso *apriorística*. Esto significa que lo que hacen los filósofos es lógicamente previo y, por tanto, independiente de las consideraciones empíricas. Dada esta presunta independencia, el ámbito del análisis o la investigación filosófica no es distinto del de las matemáticas. Una vez que se comprenden adecuadamente los conceptos y se identifican las relaciones entre ellos, dichas relaciones no sólo son así, sino que deben ser así (por ejemplo, los solteros deben ser solteros; las mentes deben ser distintas de los cuerpos). Así, en filosofía señalar cómo una opinión podría estar equivocada es a menudo todo lo que se necesita para derrotar la opinión, o al menos para presentar una objeción muy seria contra ella (por ejemplo, que los cerebros y las mentes pueden ser idénticos).

La filosofía de la ciencia dominante en el último siglo no ha demostrado ser una excepción. Según este enfoque "lógico", la tarea específica de la filosofía de la ciencia es, en palabras de Carl Hempel,

> ... exponer, mediante el 'análisis lógico' o la "reconstrucción racional", la estructura lógica y el fundamento de la investigación científica. La metodología de la ciencia, así entendida, se ocupa únicamente de ciertos aspectos lógicos y sistemáticos de la ciencia que constituyen la base de su solidez y racionalidad, abstrayéndose de, y de hecho excluyendo, las facetas psicológicas e históricas de la ciencia como empresa social (1978, 291).

Mediante una investigación puramente conceptual y lógica, el filósofo de la ciencia debe descubrir el método de la ciencia. Una vez establecidos, los principios de la metodología pueden servir entonces como

> condiciones para la prosecución racional de la investigación empírica, como criterios de racionalidad para la formulación, prueba y cambio de las pretensiones de conocimiento científico (291).

De este modo, la filosofía de la ciencia puede erigirse, en palabras de Lakatos, "en vigilante de las normas científicas" (1978, 226)

Sin embargo, en este ensayo hemos descubierto que las facetas histórica y psicológica de la ciencia marcan una gran diferencia; de hecho, hemos visto que las mareas de la investigación histórica han arrasado los castillos que la filosofía construyó sobre las arenas de la lógica. Debemos recordar que el atractivo del método consistía en que a los científicos les salía a cuenta seguirlo, ya que presumiblemente de ese modo aumentaban sus posibilidades de alcanzar el éxito. Pero entonces el método filosófico sólo parecía aplicable en la medida en que abstraía de la práctica de la ciencia aquellos rasgos que resultaban especialmente útiles. Esto sugiere que el análisis filosófico tiene que ser tan empírico sobre la ciencia como la ciencia lo es sobre el mundo. Una buena visión de la ciencia sería el resultado de una compleja interacción de idea y experiencia (en los términos que hemos discutido anteriormente). Al repasar la historia de la filosofía de la ciencia, Hempel reconoce este punto. Recuerda que "la explicación en el sentido del empirismo analítico se ha guiado en gran medida por una estrecha atención a las características sobresalientes de los procedimientos científicos reales y a los medios lógicos necesarios para hacerles justicia" (298-99). Y Lakatos, que argumenta a favor de lo que llama "ley estatutaria" en la ciencia, dice abiertamente que los demarcacionistas — su clase de filósofos—"reconstruyen criterios *universales* que explican las valoraciones que los grandes científicos han hecho de teorías o programas de investigación particulares" (226).

Parece, pues, que aunque la filosofía analítica de la ciencia denigraba la historia en público, no podía evitar intentar acostarse con ella a escondidas. En cualquier caso, los escollos de teorizar sobre la ciencia no son distintos de los escollos de teorizar sobre el mundo. Uno puede tener un punto de vista que funcione por el momento, quizá para siempre, pero eso es poco probable. Ese punto de vista tendrá que modificarse bajo la presión de los descubrimientos sobre la práctica de la ciencia y puede tener que ser sustituido por muchas razones diferentes. Una de esas razones, en el caso de la nueva filosofía, sería el derrocamiento de la base empírica sociohistórica sobre la que se asienta en parte. Por lo tanto, no hay ni pretensión ni necesidad de sostener tesis eternas y sin excepciones. Se trata de un cambio significativo en las normas del procedimiento filosófico.

Sea como fuere, muchas de las afirmaciones históricas de Kuhn y Feyerabend sólo pueden ser cuestionadas por los metodólogos al precio de su propia vergüenza (más sobre esto más adelante). Esto no quiere decir que no deban ser cuestionadas. Nótese, sin embargo, que una consideración seria de la práctica de la ciencia compromete la pureza misma del análisis filosófico. Pues las investigaciones filosóficas deben asentarse, hasta cierto punto, en hallazgos empíricos "sucios". Aunque Kuhn y Feyerabend se equivoquen en muchos puntos concretos de la historia, la partida ya está perdida para la filosofía tradicional. Si Kuhn y Feyerabend se equivocan, por esta u otras razones, la visión de la ciencia que debería surgir puede diferir mucho de la suya. Pero un retorno a la virginidad lógica de antaño parece de lo más improbable. Una vez perdida, es difícil ver cómo se puede recuperar ese estado de inocencia.

Con esto concluye más o menos mi exposición de los puntos de vista positivos expuestos por Kuhn y Feyerabend sobre la naturaleza de la ciencia. Por supuesto, algunas de las consecuencias importantes aún deben ser examinadas, y lo serán en los capítulos que siguen. El único punto pendiente que aún debe mencionarse en este capítulo es el de la racionalidad científica. Kuhn ha reaccionado con angustia ante la acusación de que es un irracionalista. Para él, el cambio de paradigmas no es irracional porque implica razones. Esas razones, además, son del tipo que los científicos (y los filósofos) consideran inobjetable: exactitud, simplicidad, fecundidad y similares. El problema, tal y como él lo ve, es que el peso dado a cada uno de estos valores no puede determinarse de forma única en cada situación. Así, el defensor del nuevo paradigma puede dar más importancia a la fecundidad que a la exactitud, mientras que el defensor del antiguo paradigma puede hacer justo lo contrario. Pero el problema es mayor de lo que Kuhn reconoce, ya que, dado su propio relato, quienes se niegan a entrar en el círculo, como él diría, ni siquiera tienen por qué reconocer que el nuevo paradigma propuesto tiene mayor fecundidad, por ejemplo (o que resuelve los problemas que dice resolver— cfr. Capítulo 5— o que tiene mayor coherencia).

Puesto que el racionalista insiste en que debemos ser capaces de demostrar que el cambio en la ciencia es para mejor, su exigencia se verá frustrada por el esquema de Kuhn. Incluso los fanáticos religiosos pueden dar razones al argumentar a favor de sus creencias particulares. La dificultad estriba en que tales razones sólo son aceptables para los conversos. Así, aunque las razones implicadas en el cambio de paradigma puedan ser de un pedigrí más elevado, sigue sin ser posible hacer una determinación *imparcial* de la mejora en el caso del cambio de paradigma. Kuhn tiene que afrontarlo: El racionalista exige que se especifiquen los estándares con los que se medirá el cambio. Kuhn ataca la idea de que tales estándares existan (o más bien, los que él permite son demasiado flexibles y circulares para adaptarse a los propósitos del racionalista). Así pues, si Kuhn tiene razón, la ciencia no puede ser una empresa racional. Feyerabend concede la razón y la utiliza alegremente para hacer pasar un mal rato a los racionalistas y a otras personas respetables. Pero la principal diferencia entre Feyerabend y Kuhn sobre esta cuestión, me parece, es principalmente de actitud.

No obstante, la actitud no es una cuestión de poca importancia. Feyerabend llega a deducir que la ciencia ocupa una posición demasiado privilegiada en la sociedad, que su poder debe ser frenado. Discutiremos esta tesis más adelante. Kuhn, por su parte, continúa sugiriendo que:

> si la historia o cualquier otra disciplina empírica nos lleva a creer que el desarrollo de la ciencia depende esencialmente de comportamientos que antes considerábamos irracionales, entonces deberíamos concluir

no que la ciencia es irracional, sino que nuestra noción de racionalidad necesita ajustes aquí y allá (1971, 144).

En realidad, Feyerabend simpatiza con esta actitud kuhniana. La anarquía, la irracionalidad, incluso la propaganda, lo son sólo desde el punto de vista de los autoproclamados racionalistas. Esto no quiere decir, sin embargo, que ni Kuhn ni Feyerabend ofrezcan una noción diferente de racionalidad, ni que sus puntos de vista la sugieran. Pero como argumentaré más adelante, sus puntos de vista, vistos desde una perspectiva naturalista, nos dan algunos indicios fuertes de una nueva concepción de la racionalidad.

REFERENCIAS

Einstein, A. (1951). *Albert Einstein: Philosopher Scientist.* Schilpp, A., ed. *Library of Living Philosophers.*

Feyerabend, P. K. (1970). "Consolations for the Specialist," en Lakatos I. y Musgrave, A. (eds.), *Criticism and the Growth of Knowledge.* Cambridge University Press.

Feyerabend, P. K., (1978a). *Against Method.* Verso.

Feyerabend, P. K. (1978b). "In Defense of Aristotle: Comments on the Condition Of Content Increase", en Radnitsky, G. y Anderson, G. (eds.), *Progress and Rationality in Science*, D. Reidel Publishing Co, 1978.

Hempel, C. (1978). "Scientific Rationality: Normative vs. Descriptive Construals," en *Wittgenstein, the Vienna Circle and Critical Rationalism.* Actas del 3er International Wittgenstein Symposium.

Kuhn, T. (1970). *The Structure of Scientific Revolutions.* 2nd Edition. Chicago University Press.

Kuhn, T. (1971). "Notes on Lakatos." En Cohen, R. S. y Buck, R. C., eds. Boston Studies in the Philosophy of Science, Vol. VIII, 144.

Lakatos, I. (1970). "Falsification and the Methodology of Scientific Research Programmes." En Lakatos, I. y Musgrave, A., eds., *Criticism and the Growth of Knowledge*, Cambridge University Press, pp. 91-196.

Lakatos, I. (1978). "Understanding Toulmin." Reimpreso en su *Mathematics, Science and Epistemology.* Worrall, J. y Currie, G., eds., Cambridge University Press.

Mill, J.S. (2005). *On Liberty.* En Morgan, M. L. (Ed.). *Classics of Moral and Political Theory* (4th Edition). Hackett Publishing Co (primera publicación en 1859).

Munévar, G. (1981). *Radical Knowledge: A Philosophical Inquiry into the Nature and Limits of Science.* Avebury Publishing Co. y Hackett Publishing Co.

Munévar, G. (1982). "Allowing Contradictions in Science," *Metaphilosophy*, Enero.

Munévar, G. (1991). "Science in Feyerabend's Free Society," Versión en inglés en G. Munévar, ed., *Beyond Reason: Essays on the Philosophy of Paul K. Feyerabend,* Vol. 132, *Boston Studies in the Philosophy of Science*, Kluwer Academic Publishers. Primera publicación en Alemán como "Die Wissenschaft iun Feyerabend's freier Gesellschaft, " en *Versuchungen Aufsatze zur Philosophie Paul Feyerabends.* Duerr, H.P., ed., Suhrkamp, 1980.

Munévar, G. (1998). *Evolution and the Naked Truth.* Ashgate Publishing Ltd.

Munévar, G. (2000). "A Réhabilitation of Paul Feyerabend." En Preston, J., Munévar, G. y Lamb, D., eds., *The Worst Enemy of Science? Essays on the Life and Thought of Paul Feyerabend.* Oxford University Press.

Munévar, G. (2015). *"Historical Antecedents to the Philosophy of Paul Feyerabend." Studies in History and Philosophy of Science,* Diciembre.

Wittgenstein, L. (1967). *Remarks on the Foundations of Mathematics,* G. H. von Wright, R. Rhees, G. E. M. Anscombe (eds.). G. E. M. Anscombe (trad.). The M.I.T. Press), p. 181e.

ÚLTIMO ALEGATO PARA LA "RACIONALIDAD": RACIONALIDAD Y EL CRECIMIENTO DE LA CIENCIA

Uno de los principales objetivos de Imre Lakatos era hacer que las ideas de Kuhn y Feyerabend confluyeran en un *patrón racional* (1970). En esencia, su idea es que la mezcla adecuada de los principios de tenacidad y proliferación conduce al *crecimiento* de la ciencia. Maurie tiene derecho a aferrarse a su punto de vista (tenacidad), a modificarlo ante predicciones adversas, etc., siempre que sus movimientos salvadores ofrezcan predicciones de nuevos fenómenos. Cuando, al desarrollar su punto de vista, abre nuevas vías de investigación (al menos teóricas), contribuye al crecimiento del conocimiento y, por tanto, se dice que su punto de vista está progresando. Pero si limita las modificaciones de su punto de vista a salvar las apariencias (movimientos *ad hoc*), entonces su programa de investigación se está estancando (o degenerando). La proliferación también es esencial para la ciencia, según Lakatos, ya que eleva la "fiebre problemática" de la investigación científica– lo que conduce a un crecimiento más rápido – y proporciona la única forma aceptable de rechazar teorías: la sustitución.

La historia de la ciencia, por tanto, debería ser la de la lucha entre puntos de vista opuestos (que él denomina programas de investigación). Tal historia debería prestar la debida atención a los puntos planteados por Kuhn y Feyerabend; pero al mismo tiempo la estructura proporcionada por la metodología de los programas de investigación de Lakatos debería permitirnos ver el carácter racional de la ciencia. Esto cree que lo conseguirá mezclando las nociones de racionalidad y crecimiento científicos.[1]

---

[1] Lakatos desarrolló sus ideas en "La falsificación y la metodología de los programas de investigación científica." (1970) e *Historia de la Ciencia y sus Reconstrucciones Racionales* (1971). Mi trabajo en este capítulo consiste en explicarlas y criticarlas brevemente.

Según Lakatos, cualquier modificación en la propia teoría, o cualquier cambio de la teoría A a la teoría B está justificado siempre que se cumplan los siguientes criterios:

1. B tiene un exceso de contenido empírico sobre A: es decir, predice hechos *novedosos*, es decir, hechos improbables según A, o incluso prohibidos por A.
2. B explica el éxito anterior de A, es decir, todo el contenido *no refutado* de A está incluido (dentro de los límites del error de observación) en el contenido de B. Y
3. Parte del exceso de contenido de B se corrobora (116).

Puesto que no hay falsificación sin sustitución, en el esquema de Lakatos, decir que A está falsificada es decir que se ha propuesto otra teoría B que cumple estos criterios.

Supongamos, sin embargo, que los defensores de A no desean renunciar a su punto de vista. Pueden entonces elaborar (modificar) A para tener en cuenta los hechos novedosos predichos por su rival, y al hacerlo predecir algunos hechos novedosos propios. La teoría A, así elaborada, puede tener ahora la ventaja. Pero entonces los simpatizantes de B pueden responder del mismo modo y recuperar la ventaja. El resultado de la historia es que en realidad no enfrentamos una teoría aislada contra otra, sino que valoramos más bien *series* de teorías. Ahora bien, las teorías sólo pertenecen a una serie si existe algún tipo de *continuidad* entre ellas. Esta continuidad la proporcionan en la ciencia madura dos factores: (a) un núcleo común que expresa un punto de vista sobre el mundo, y (b) un conjunto de indicaciones (una heurística) sobre cómo debe construirse la serie. Una serie de teorías así elaborada constituye la unidad de evaluación apropiada en la filosofía de la ciencia. Es también lo que Lakatos denomina un programa de investigación.

El principio de tenacidad de Feyerabend entra en juego en el sentido de que cualquier revés del programa no afecta directamente al núcleo, sino sólo a la teoría más reciente del programa. El núcleo simplemente no está abierto a la refutación (como diría Lakatos, la heurística negativa desvía la flecha del *modus tollens* lejos del núcleo). Como ejemplo, tomemos una versión simplificada del programa newtoniano. El núcleo estaría compuesto por las tres leyes del movimiento de Newton y su ley de la gravitación. En conjunto, estas leyes nos ofrecen una determinada imagen del universo físico: Los elementos físicos del mundo son de un determinado tipo, interactúan entre sí de determinadas maneras, y también existe una nueva forma adecuada de plantear y responder preguntas teóricas y experimentales sobre dichos elementos y sus interacciones (por ejemplo, mediante formulaciones dentro del cálculo de infinitesimales). Si esto suena muy parecido a los paradigmas de Kuhn, es porque es muy parecido a los paradigmas de Kuhn. Una diferencia es, presumiblemente, que el esquema de Lakatos permite tanto la proliferación como la tenacidad. Otra diferencia es que se espera que la fina estructura de los programas de investigación de Lakatos nos haga ver la ciencia como una empresa racional.

La tenacidad se mantiene, pues, porque cuando empiezan los problemas, no abandonamos nuestro programa de investigación, sino que modificamos la teoría que actualmente lleva su estandarte. Además, los problemas siempre se esperan: cualquier programa de investigación nace siempre en un mar de anomalías, y la mayoría ha progresado en un entorno así. Veamos por qué. En el caso del programa gravitatorio de Newton, la heurística positiva nos dice a grandes rasgos que los planetas deben tratarse como peonzas que giran en órbitas elípticas alrededor del sol, muy de acuerdo con las leyes de Kepler. La primera teoría de la serie, A_1, tratará sólo el sol y un planeta, digamos la Tierra, y éstos sólo como puntos de masa. Una teoría de este tipo generará predicciones, pero obviamente esperamos que muchas de ellas sean incorrectas. Debemos desarrollar métodos sofisticados que tengan en cuenta la perturbación en el sistema causada por un segundo planeta (o quizá por la Luna). Esta sería nuestra segunda teoría de la serie, A_2. A continuación, incluimos soluciones para un grupo de problemas de tres cuerpos aportando el resto de planetas conocidos, A_3, A_4, etc. Entendemos que más adelante tendremos que tratar a los miembros del sistema solar como cuerpos extendidos, A_k, y después como en rotación, A_{k+1}. Dado que nosotros, los teóricos newtonianos, sabemos de antemano que al final tendremos que elaborar los detalles según una heurística positiva completa, también sabemos que muchas anomalías no deben preocuparnos todavía – preocuparse por ellas tendrá que posponerse hasta que se construya el miembro apropiado de la serie. En una ciencia madura, la heurística positiva nos indica, en cierto sentido, el orden en el que tendremos que abordar las anomalías.

De forma parecida a los paradigmas de Kuhn, los programas de investigación de Lakatos nos dan una *promesa* de rendimiento futuro, al tiempo que dejan la mayoría de los problemas aún por resolver dentro de un marco determinado. A diferencia de Kuhn, ahora tenemos una buena idea de cómo vamos a cumplir la promesa. Y— lo más importante de todo— lo que corresponde a la articulación de Kuhn de un paradigma puede considerarse ahora racional siempre que la realización de cada paso en el desarrollo de la serie conduzca generalmente a la predicción de hechos novedosos (progreso teórico) y algunos de esos hechos se corroboren (progreso empírico).

En una lucha entre programas de investigación rivales lo que evaluamos, entonces, es la forma en que cambian con el tiempo. Si una serie $B_1...B_n$ se desplaza en su conjunto ofreciendo predicciones novedosas, mientras que su rival, $A_1...A_n$, sólo puede reaccionar a posteriori, apenas capaz de incorporar el nuevo contenido pero sin hacer ninguna predicción nueva a raíz de su desarrollo, deberíamos decir que $B_1...B_n$ está *progresando* mientras que $A_1...A_n$ está *degenerando*. La prueba del progreso o la degeneración es si el desarrollo del programa conduce a un aumento del contenido o a una mera reinterpretación. También puede ser útil pensar en el asunto en términos de impulso, o de falta de él.

Lakatos está de acuerdo con Kuhn y Feyerabend en que no hay contraevidencia sin alternativa. Y coincide con Feyerabend en que la lucha entre programas de investigación eleva la "fiebre problemática" de la ciencia. A menudo es sólo el programa rival el que vaticinará el hecho problemático que nos impulsará al desarrollo y crecimiento de nuestro programa. Ahora bien, al igual que las teorías pueden ser sustituidas de acuerdo con los criterios de tres puntos de Lakatos, los propios programas de investigación pueden ser sustituidos siguiendo líneas similares.

Consideremos un ejemplo. El programa de investigación de Einstein (la relatividad general) derrocó al de Newton. La razón crucial, en el esquema de Lakatos, es que la visión del universo de Einstein era a la vez inusual y fructífera (hacía predicciones sorprendentes y algunas de ellas se corroboraron). Einstein pensaba, a diferencia de Newton, que la geometría del espacio y del tiempo se ve afectada por la cantidad de masa (masa-energía). "El espacio-tiempo" (término de Einstein) tiene propiedades, y esas propiedades dependen en gran medida de la cantidad y distribución de la masa en sus proximidades. La **Figura 7.1** sirve para ilustrar el contraste entre ambos puntos de vista. La distancia entre dos puntos de una taza de café normal es independiente de la cantidad de café que contenga la taza (**Figura 7.1a**). Pero esto sólo es así si la taza está hecha de un material relativamente rígido. Si la taza está hecha, por ejemplo, de goma fina, su forma—su "geometría"— cambiará en función de la cantidad de café que contenga. En este caso, la distancia más corta entre los mismos dos puntos de la superficie de la taza se verá definitivamente afectada, como muestran las líneas trazadas entre dichos puntos en la **Figura 7.1b** (y no sólo se ve afectada la longitud; también cambia su curvatura). La **Figura 7.1c** muestra que los mismos principios ilustrados en la **Figura 7.1b** ocurren con cualquier tipo de copa elástica.

De forma análoga, el espacio-tiempo de Einstein se curva por la masa-energía que contiene. Los rayos de luz, que viajan por el camino más fácil posible, seguirán entonces los "contornos" del espacio-tiempo. Podríamos decir que una fuente gravitatoria fuerte (por ejemplo, una estrella) esculpe una cuenca del espacio-tiempo (**Figura 7.2**), o que lo "estira" de ese modo. Como resultado, un rayo de luz que se acercara a una estrella se vería frenado y desviado por ella (piense en lo que ocurriría con la trayectoria de las canicas que caen en una cuenca curvada) (**Figura 7.2**). Se observaría entonces que las estrellas muy cercanas al sol en nuestro campo visual aparecerían desplazadas. Un eclipse de sol es una muy buena ocasión para realizar tal observación; y, de hecho, una expedición en 1920 hizo precisamente eso (**Figura 7.3**), no mucho después de que Einstein hiciera su predicción. Hoy podemos comprobar el asunto de forma más rutinaria porque el punto se aplica a toda la radiación electromagnética (de la que la luz visual es sólo un tipo). Así, las fuentes de radio situadas directamente detrás del sol pueden ser rastreadas por radiotelescopios, y las naves espaciales que pasan al otro lado del sol pueden enviar señales que nos permitan hacer las mediciones apropiadas de la desviación o el retraso.

Figura 7.1a. Taza rígida. Autor.

La distancia entre los dos puntos de la taza no se ve afectada por la cantidad de café en la taza.

Figura 7.1b. Taza elástica. Autor.

Sin embargo, si la taza estuviera hecha de un material elástico, la cantidad y la distribución del café marcarían una gran diferencia en la distancia entre los dos puntos. Del mismo modo, en opinión de Einstein, la materia "le dice" al universo cómo curvarse.

Figura 7.1c. Taza muy elástica. Autor.

Otra copa elástica. Los mismos principios se aplican independientemente de la forma que adopte la taza.

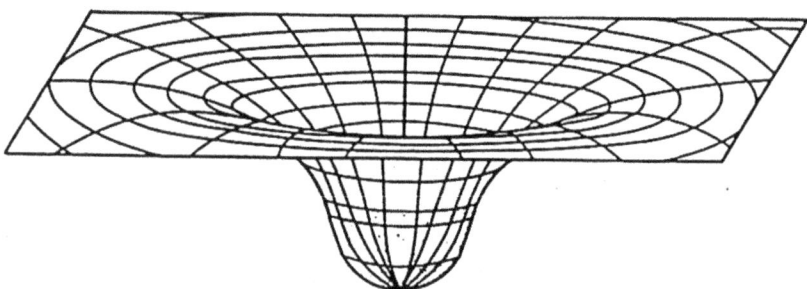

Figura 7.2. Una fuerte fuerza gravitatoria (ej. una estrella) esculpe una cuenca en el espacio-tiempo.

Debemos darnos cuenta de que cuanto más fuerte sea la fuente gravitatoria, mayor será la curvatura de la cuenca. Así, un rayo de luz que siga la forma de la cuenca se retrasará mucho más (tendrá más tiempo para recorrerla). En algunos casos, la fuente gravitatoria es tan fuerte que la cuenca se convierte de hecho en un agujero sin fondo, y la luz que entra en ella no puede volver a salir. Tal es la naturaleza de los infames agujeros negros. Además, al igual que la luz se retrasa, el tiempo se ralentiza. Así, en presencia de un fuerte campo gravitatorio, el tiempo transcurre más lentamente. Utilizando relojes atómicos en la parte superior y en el sótano de edificios muy altos (y en algunos experimentos utilizando aviones que vuelan en círculos), se ha confirmado esta extraña predicción de la teoría general de la relatividad de Einstein.

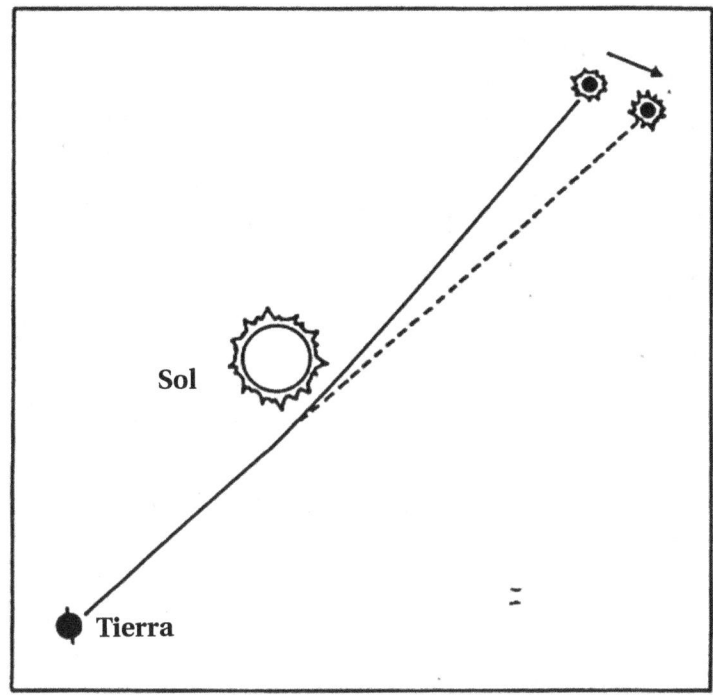

Figura 7.3. Desviación de un rayo de luz por la gravitación del sol. Dibujo de Nicole Ankeny.

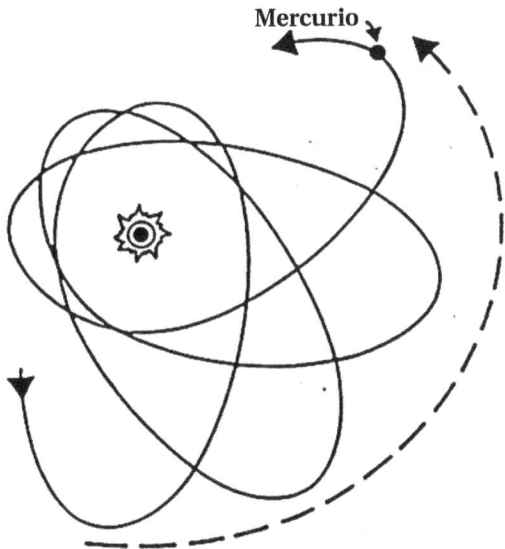

Figura 7.4. Efecto sobre la órbita de Mercurio (exagerado). Dibujo de Nicole Ankeny.

Por cierto, las ideas de Einstein también pueden utilizarse para explicar el perihelio anómalo de Mercurio que tanto molestaba al falsacionista maduro. Según Lakatos, ahora podemos ver por qué los newtonianos no tenían prisa en abandonar su programa gravitatorio basándose en esta recalcitrante anomalía. Pues el perihelio de Mercurio no se convirtió en contraevidencia hasta pasados 85 años, no hasta que se explicó dentro de un programa rival, la teoría general de la relatividad (véase **Figura 7.4**).

Las sorprendentes predicciones de Einstein eran ciertamente novedosas desde el punto de vista newtoniano. Así, el programa de relatividad general de Einstein condujo al *progreso teórico*, ya que abrió nuevas áreas de investigación y nos enfrentó a la posibilidad de nuevas e inusuales características del universo. Además, esas predicciones fueron bien corroboradas, lo que condujo al *progreso empírico*.

Se han hecho algunos intentos de acomodar estos hallazgos dentro de un marco newtoniano, pero sin mucho éxito empírico. (Recordemos que el carácter empírico y el crecimiento han sido soldados en uno por Lakatos). Deberíamos decir entonces que el programa de Einstein progresa mientras que el de Newton degenera. Esto presumiblemente justifica el cambio de lealtad que ha tenido lugar dentro de la física.

De este modo, Lakatos da cuenta del cambio en la ciencia. Cabe señalar que no impone requisitos estrictos al núcleo, ni siquiera la exigencia de que sea un logro ejemplar. El núcleo puede ser tan vago como para ser considerado metafísico. Pero mientras la serie de teorías que articulan la visión del núcleo progrese, la decisión de preservar el núcleo intacto es racional. Por otro lado, Lakatos nos tienta a pensar que el núcleo de cualquier programa puede desmoronarse, sea metafísico o no, debido a una degeneración prolongada en el programa de investigación. Las razones son lógicas y empíricas: la carencia generalizada de hechos novedosos o de corroboraciones apropiadas. Tienen poco que ver con sentimientos "estéticos" de simplicidad, elegancia o lo que sea. Sin embargo, el énfasis debe ponerse en lo "prolongado", ya que es de suponer que cualquier programa puede hacer una remontada. Un cambio degenerado puede deberse a una escasez temporal de partidarios capaces y no a deficiencias inherentes del programa *vis a vis* al mundo.

Un problema con la propuesta de Lakatos se encuentra en su segundo requisito para el desarrollo de una serie de teorías (y en general para la sustitución): B explica el éxito anterior de A, es decir, todo el contenido *irrefutado* de A está incluido (dentro de los límites del error de observación) en el contenido de B. Pero como nos ha dicho Lakatos, una teoría de una serie o un programa de investigación sólo se refuta cuando es sustituido por una teoría (o programa de investigación) mejor. En ese caso, el *contenido irrefutable* de una teoría o programa de investigación que ha sido sustituido por otro no es más que el contenido que *no ha sido sustituido*. Así pues, el segundo requisito de Lakatos es trivial y carece de sentido: "Conserve la parte (de una teoría sustituida) que conserve" (Munévar, 1981, 100). El mismo razonamiento se aplica a los programas de investigación refutados (sustituidos).

Por lo demás, la metodología de Lakatos sólo tendrá éxito si se cumplen dos condiciones. En primer lugar, debe demostrar que su metodología puede estar a la altura de las exigencias del examen histórico. Por supuesto, parece haberse propuesto cumplir precisamente este objetivo. Ese es el principal mérito de su intento de leer los resultados de Kuhn y Feyerabend bajo una luz racionalista. Y la segunda condición es que lo que propone debe ser efectivamente racional. ¿Debemos aceptar realmente que el crecimiento de la ciencia equivale a la racionalidad? La respuesta a esta última pregunta se pospondrá hasta más adelante en el capítulo. Analicemos ahora la primera condición.

Hay que mencionar de entrada que el rendimiento histórico de la metodología de los programas de investigación de Lakatos remedia algunas de las dificultades más flagrantes del falsacionismo maduro, la más sofisticada de las metodologías que habíamos estudiado anteriormente. De hecho, parece haber sido diseñada con ese mismo propósito.

(1) La metodología de los programas de investigación elimina el elemento arbitrario que representa el tercer tipo de decisión de los falsacionistas de la naturaleza. Ya no tenemos que preocuparnos de si hemos probado la cláusula ceteris paribus de forma suficientemente exhaustiva, de si la hipótesis principal ha quedado lógicamente aislada y ya puede eliminarse. La directiva de Lakatos consiste en intentar sustituir *todos* los componentes. Siempre que seamos capaces de hacerlo con éxito, consideraremos el ingrediente apropiado "falsado". Es decir, no eliminamos la hipótesis principal hasta que estemos en condiciones de sustituirla según sus criterios. Sin embargo, aquí cabe una matización. Sería absurdo aferrarse a todas las hipótesis de bajo nivel porque no hay ninguna sustituta entre bastidores. Piense en un detective que se negara a renunciar a la hipótesis de que lo hizo la esposa, aunque haya determinado más allá de toda duda razonable que lleva semanas paralizada y que no pudo efectuar ese disparo mortal, sólo porque no tiene otros sospechosos en mente.

(2) La metodología de los programas de investigación también reduce el elemento convencionalista implicado en los dos primeros tipos de decisión (los relacionados con el conocimiento de fondo y el procedimiento de observación adecuado). Supongamos que un nuevo programa de investigación no se ajusta al mundo representado por el conocimiento de fondo "no problemático" (que viene determinado por

la sabiduría convencional de la disciplina en ese momento). Mientras
que con las metodologías anteriores no teníamos más remedio que
renunciar a nuestro punto de vista, Lakatos se da cuenta de que
Feyerabend tenía razón al decir que el conflicto está entre el nuevo punto
de vista y una *teoría de interpretación que podría cambiarse* (como hizo
Galileo, véase el cap. 3). Por ello, Lakatos ofrece un *procedimiento de
apelación*. Los defensores de un programa de investigación en apuros
empíricos siempre pueden impugnar la teoría de la observación
aceptada, proponiendo otra de diseño propio, o simplemente dándole la
vuelta a la tortilla y utilizando el programa en apuros como "no
problemático"). Si el resultado del desafío es un cambio progresivo, el
programa de investigación en problemas habrá sido rescatado de las
fauces de una sabiduría convencional ahora en degeneración. (Además
del caso de Galileo considere el de Prout).

Lo que constituya un conocimiento previo no problemático y unos
procedimientos de observación adecuados dependerá de la sabiduría
convencional de los profesionales. Pero el elemento convencional se ve
reducido por la existencia de este procedimiento de recurso.

Estas ventajas reducen las áreas de conflicto con la historia que fueron tan
devastadoras para el falsacionismo maduro. Es de suponer que ahora podemos
ver por qué los científicos eran racionales, aunque se aferraran a sus puntos de
vista frente a claras pruebas contrarias, o a la inversa, por qué cambiaron de
lealtad tan rápidamente en otras ocasiones. Además, Lakatos hace más justicia
al sentimiento que a menudo tienen los científicos de que deben *apoyar* una
opinión por el interesante resultado de un experimento o un avance teórico.
Por supuesto, el apoyo que da la corroboración, en el sentido de Lakatos, es
simplemente el de una señal de que las cosas están saliendo según lo previsto
y de que el programa de investigación progresa así, no el apoyo del inductivismo a
la antigua usanza.

No obstante, ¿puede esperar realmente Lakatos un ajuste casi perfecto entre
su metodología y la práctica de la ciencia (tal y como se ha instanciado en la
historia de la ciencia)? Esto exigiría que todos los científicos de todos los
tiempos hubieran procedido según el plan racional (de Lakatos). Sin embargo,
tal concesión no es en absoluto una admisión de derrota, ya que, si el
falsacionismo no es una herramienta crítica apropiada en el nivel de las teorías
científicas, ¿por qué deberíamos plegarnos a sus exigencias en el nivel de las
metodologías? Lakatos no está dispuesto a ahorcarse con una cuerda que ya ha
cortado. Si no hay buenas razones para el falsacionismo a nivel metodológico,
entonces simplemente debemos buscar estrategias de crítica más fructíferas.

Y tiene un candidato de lo más prometedor que ofrecer: una versión de su
metodología de programas de investigación, adaptada ahora a la explicación

de la historia. De varias metodologías en competencia, propone, elija la que mejor explique la historia. Una metodología ya no necesita un ajuste perfecto con la historia, igual que una visión científica no necesita estar libre de anomalías (recuerde que los programas de investigación científica pueden progresar en un mar de anomalías). ¿Y qué constituye una mejor explicación de la historia? Una que dé más sentido a la historia, es decir, que haga que una mayor parte de la historia parezca racional. Una metodología, así utilizada como historiografía, estará progresando siempre que (1) sugiera nuevos descubrimientos sobre la historia, y (2) algunos de esos descubrimientos sean corroborados. Por supuesto, Lakatos quiere afirmar que su metodología saldrá adelante. Para apoyar esta afirmación, llevó a cabo varios estudios inteligentes e interesantes de episodios cruciales de la historia de la ciencia.

Aquí hay dos supuestos claros. El primero es que la ciencia es racional y que, en consecuencia, la labor del filósofo consiste en averiguar qué es lo que hace que la ciencia sea racional. El propio planteamiento de Lakatos para esta tarea consiste en "reconstruir criterios *universales* que expliquen las valoraciones que los grandes científicos han hecho de teorías o programas de investigación concretos." Discutiremos este supuesto y el enfoque de Lakatos más adelante. El segundo supuesto es que las metodologías pueden *explicar*. El problema es el siguiente: las metodologías son normativas, mientras que la explicación es un asunto descriptivo. En el modelo de explicación de Hempel, por ejemplo, se explica por referencia a leyes generales. En otros relatos de la explicación, las causas son los elementos cruciales de las explicaciones. La mayoría de los puntos de vista sobre la explicación científica, en cualquier caso, parecen requerir la referencia a enunciados empíricos verdaderos de algún tipo (a algún tipo de descripción, es decir). La sugerencia, en otro tiempo atractiva, de que la explicación la proporciona un relato de las razones del agente puede ser más aceptable para la posición de Lakatos. Por desgracia, Hempel ya ha argumentado que esta apelación a las razones confunde justificación y explicación. Entonces, ¿cómo pueden las posiciones normativas *explicar* la historia de la práctica científica?

Lakatos afirma que sólo la historia interna (la historia reconstruida racionalmente) es relevante para la comprensión de la ciencia, y que la mejor historiografía es la que hace que más ciencia parezca racional. (La historia interna de un episodio es un relato sobre cómo se habría desarrollado ese episodio si hubiera sido un caso de manual de comportamiento científico racional. La historia externa se ocupa de los acontecimientos que tuvieron una influencia no racional en el resultado real– p.ej., amoríos, enfermedades, convulsiones políticas que impidieron a los científicos en cuestión desarrollar su programa de investigación de acuerdo con los planos teóricos perfectos). Se trata, de nuevo, del supuesto de Lakatos de que la ciencia es en gran medida racional y de que dar a entender la historia de la ciencia es mostrar cómo es (en gran medida) racional. Pero es plausible pensar que la comprensión de la ciencia puede ser diferente de la comprensión de su historia, independientemente de cómo ambos tipos de comprensión puedan afectarse mutuamente. Un relato normativo quizá pueda proporcionar una comprensión de la ciencia ideal como empresa racional. Y para esta comprensión quizá la historia externa de la ciencia sería irrelevante.

Pero para explicar las prácticas de la ciencia también necesitamos un relato de aquellos acontecimientos que no se desarrollaron según el plan racional. Y eso (para utilizar la jerga de Lakatos) debe proporcionarlo la historia externa. Lakatos es consciente de este punto, y por eso describe cómo la historia interna plantea los problemas a la externa. Si sabemos lo que debería haber ocurrido, pero no ocurrió, entonces también sabemos dónde los factores externos a la racionalidad de la ciencia pueden haber tenido una importancia crucial. De este modo se establecen direcciones relevantes incluso para la investigación histórica externa. Además, no puede decirse que una historiografía esté progresando a menos que su historia externa asociada progrese siempre que la historia interna se quede rezagada. De nuevo, su noción de progreso es básicamente la misma que la de los programas de investigación: planteamiento teórico de nuevos hechos y corroboración empírica de algunos de ellos. Y conviene subrayar que cuando una historiografía progresa externamente el mérito es del relato normativo, pues incluso la historia externa depende de él.

Concedamos a Lakatos que la fecundidad de una historiografía emana de la metodología que constituye su núcleo. Sin embargo, de ello no se sigue que la metodología explique la historia. Aunque las reconstrucciones racionales puedan ser los *puntos de partida* en nuestra búsqueda de explicaciones de la historia de la ciencia, no son las *explicaciones*. Porque queremos saber qué ocurrió *realmente* y cómo y por qué ocurrió. Es decir, queremos relatos que deben implicar lo que Lakatos denomina historia externa (ya que está claro que la práctica de la ciencia no podría ser completamente racional). Esos relatos, en su caso, serían las explicaciones. E incluso si dependen de la reconstrucción racional, son distintos de ella. A la larga, esto no es una gran objeción, pero ayuda a aclarar cuál se supone que es el logro de Lakatos en este tema.

Según Lakatos, comenzamos con una reconstrucción racional que proporciona un esbozo, un esquema que se cotejará con la historia real. Cuando se produzcan lagunas en el esbozo generado normativamente, una historiografía progresiva dará dirección al intento externo de llenar las lagunas. El relato resultante será una combinación de historia interna y externa. Es ese relato el que puede explicar la práctica real de la ciencia. Lo que hacen las metodologías es generar el relato. Así pues, aunque las metodologías no puedan, en sentido estricto, explicar la historia de la ciencia, pueden ser la fuente de las explicaciones. Y ése es todo el terreno que necesitamos para hacer comparaciones entre metodologías rivales.

Por desgracia, no basta con decir que las normas de una metodología conducirán a un relato descriptivo que pueda explicar algún episodio significativo de la historia de la ciencia. Para que tal relato pueda explicarse con éxito, la reconstrucción racional que lo produjo debe cumplir ciertas condiciones de pertinencia. Debemos demostrar, por ejemplo, que contó con el compromiso de los científicos de la época en cuestión; de lo contrario, tanto las historias internas como las utilizadas en la construcción del relato estarían fuera de lugar. Tal compromiso no tiene por qué ser explícito, ni siquiera sospechoso. De hecho, los científicos de la época en cuestión pueden haber defendido de boquilla alguna otra metodología, o quizá incluso creer sinceramente que la otra era el método de la ciencia (Newton, por ejemplo, se creía inductivista, pero, si Lakatos está en lo cierto, no lo era). Es lo que hacen los científicos, no lo que dicen, lo que muestra dónde residen sus compromisos metodológicos. Aun así, a la larga volvemos a una posición muy de acuerdo con el espíritu de Hempel: no son las normas las que explican, sino el conocimiento del compromiso con esas normas.

Sin embargo, este requisito de relevancia plantea la cuestión de si los estándares científicos de racionalidad han sido diferentes en distintas épocas. También sugiere que para explicar mejor algunos episodios históricos, los historiadores *pueden* tener que construir la historia interna con una metodología que consideran *errónea*. No es *prima facie* inverosímil que la ciencia diera ciertos giros debido a la adhesión a, digamos, metodologías inductivistas. E incluso si esa adhesión fue errónea, es importante reconocerlo para explicar esos giros.

Estas consideraciones abren una brecha entre la racionalidad y la historia de la ciencia, al menos en lo que respecta al plan de Lakatos. Una metodología que progresa a un ritmo vertiginoso (como una historiografía) – es decir, una metodología que "explica" más de la historia, que hace más de ella racional – puede explicar demasiado, puede de hecho requerir la distorsión total de la historia colgando del cuello de algunos científicos una racionalidad que nunca les estorbó. Por supuesto, Lakatos puede rebajar su objetivo. La mejor metodología no es la que hace que una mayor parte de la ciencia parezca racional, sino la que hace que una mayor parte del *éxito* de la ciencia parezca racional. Este movimiento puede funcionar para varias visiones de la ciencia, pero desgraciadamente no funciona para la de Lakatos. Su metodología de los programas de investigación es, después de todo, una forma de considerar racional la interacción de los principios de proliferación y tenacidad de Feyerabend. Pero si el principio de tenacidad está en funcionamiento, los científicos pueden aferrarse a un programa de investigación degenerado durante mucho tiempo. Así pues, parte integrante de la metodología de los programas de investigación de Lakatos es que los científicos son racionales incluso cuando se aferran a una ciencia que no tiene éxito. Esto conduce a varios problemas. El más acuciante es el divorcio de la racionalidad de la ciencia exitosa, un problema que por sí mismo derrota su uso de la historia como herramienta para decidir entre metodologías conflictivas de la ciencia.

En resumen, la apelación de Lakatos a la historia resulta contraproducente por una de estas dos razones. O bien algunas metodologías tienen primacía en algunas épocas, aunque sean erróneas, porque en realidad contaban con la adhesión de los científicos de ese periodo (por lo que la "racionalidad" de la historia no ayudará a decidir qué metodología es la mejor); o bien, si el dominio de la explicación se restringe a la ciencia exitosa, aniquilamos las ventajas que parecía ofrecer la metodología de los programas de investigación de Lakatos al incorporar los principios de tenacidad y proliferación.

Así pues, aunque la importancia de la historia de la ciencia para la filosofía de la ciencia es innegable, parece que necesitamos algo más que sólo historia para comprender la naturaleza de la ciencia. Esta conclusión no se basa totalmente en el fracaso de la imaginativa propuesta de Lakatos de conectar historia y filosofía, como se verá en el próximo capítulo. Pero, ¿puede aún salvarse la metodología de los programas de investigación científica de Lakatos? Si efectivamente prevé la interacción de los principios de tenacidad y proliferación, no es probable que se interponga en el camino del éxito científico como lo hicieron las metodologías estándar. Por tanto, no sufrirá el destino que corrieron las otras a manos de los argumentos *reductio* de Feyerabend. Y como tiene un procedimiento de apelación, puede dar cuenta racionalmente de aquellos casos en los que la teoría anula el veredicto de la experiencia: no sucumbe al principal problema del empirismo, es decir, la posibilidad de que haya otros conjuntos alternativos de evidencias.

Todas estas son consideraciones para no rechazar sin más la metodología de Lakatos, siempre que pueda cumplir lo que promete. Pero, por desgracia, puede entregar demasiado. Y aquí llegamos a una objeción que es paralela a uno de los puntos en contra de las propuestas de Lakatos sobre la historia. Feyerabend ha señalado en varias ocasiones que la metodología de Lakatos no da indicaciones para la eliminación de los programas de investigación, ya que incluso un programa de investigación en degeneración siempre puede volver a resurgir. Pero si esto es así, todo vale, y por tanto la posición de Lakatos es indistinguible de la anarquía epistemológica. Feyerabend insiste en el punto: El tipo de normas de Lakatos "sólo tienen fuerza práctica si se combinan con un *límite temporal* (lo que parece un desplazamiento degenerado del problema puede ser el comienzo de un periodo de avance mucho más largo)." Porque si "se le permite esperar, ¿por qué no esperar un poco más?". Y luego, más tiempo aún (1981, 148). Si es así, las nociones de "progresión" y "degeneración" de Lakatos son poco más que adornos verbales.

Por supuesto, Lakatos no habría apreciado el título de "compañero anarquista" que le otorgó Feyerabend. Pero la cuestión no es el sentimiento de Lakatos al respecto, sino si su "metodología" le compromete con una posición cercana a la de Feyerabend. La línea de defensa que intenta Lakatos es, por desgracia, decepcionante e incoherente con su filosofía general. En un momento dado, Lakatos afirma que, aunque sea racional que alguien trabaje en un programa degenerado, también es racional por parte de la comunidad científica negarle todo apoyo (publicaciones, empleo, etc.). Uno casi puede oír la ocurrencia de Feyerabend de que mientras Kuhn sostenía que algunos puntos de vista finalmente pierden cuando todos sus defensores mueren, Lakatos apresuraría las cosas matándolos de hambre.

Lakatos señala que "...es racional jugar a un juego arriesgado, lo irracional es engañarse a sí mismo sobre el riesgo" (1971, 104). El punto de vista que deberíamos, pues, tratar de desarrollar equivale a algo como lo siguiente. El científico racional y el charlatán pueden tener en común el trabajo en programas con un mal historial. Pero difieren en que el científico racional, digamos Joseph, reconoce el mal historial (con algunas salvedades), aunque también sostiene que seguir trabajando en su programa promete ser al menos teóricamente fructífero. Joseph tiene, o cree tener, una "imagen" tal vez no desarrollada que puede articular con éxito intuiciones que no se han cosechado adecuadamente hasta ahora. La suya es una "corazonada", por supuesto, pero las corazonadas de ese tipo han desempeñado un papel muy importante en la ciencia (por ejemplo, en el desarrollo de la teoría atómica). El charlatán, por otra parte, suele actuar como si el rendimiento anterior de su planteamiento fuera al menos tan bueno como el de la ciencia más reputada, y como resultado no consigue mostrar cómo su programa podría empezar a progresar.

La racionalidad sería entonces, en última instancia, una cuestión de honestidad. Pero Feyerabend no se deja impresionar. Incluso si la confesión es realmente buena para el alma, ¿cómo puede hacer que las acciones iniciales (lo que uno confiesa) sean más racionales? ¿El marido que engaña a su mujer es menos infiel porque se lo dice siempre? (Algunos pueden llamarle además un bruto sádico.)

¿Son éstos los últimos coletazos del intento de demostrar que la ciencia es racional? En cierto sentido no lo son, ya que muchos filósofos de la ciencia se tropiezan ahora para proclamar lo que no hace mucho era una herejía. Así, la ruptura de la distinción hecho-teoría es bastante habitual, aunque siempre hay mucho cuidado en acoplar esta ruptura con el énfasis en algún aspecto de la ciencia que ofrezca, aunque sólo sea por el momento, alguna pretensión al manto de la racionalidad. Pero la mayoría de esos trabajos rara vez son más que una variación apenas disimulada de los temas subrayados por Lakatos o incluso por el propio Kuhn. Esto no quiere decir, por cierto, que Kuhn y

Feyerabend se hayan convertido ahora en miembros muy respetados de la comunidad de la filosofía de la ciencia. Lo más probable es que el diablo se lleve el mérito antes que ellos. No es que se merezcan algo mejor. La pérdida de la inocencia lógica, como la de toda inocencia, es muy difícil de perdonar.

REFERENCIAS

Feyerabend, P. K. (1978). *Against Method.* Verso.

Feyerabend, P. K. (1981). *Problems of Empiricism: Philosophical Papers.* Vol: 2. Cambridge University Press.

Lakatos, I. (1970). "Falsification and the Methodology of Scientific Research Programmes." En Lakatos, I. y Musgrave, A., eds., *Criticism and the Growth of Knowledge*, Cambridge University Press, pp. 91-196.

Munévar, G. (1981). *Radical Knowledge: A Philosophical Inquiry into the Nature and Limits of Science.* Avebury Publishing Co. y Hackett Publishing Co.

Musgrave, A. (eds.), *Criticism and the Growth of Knowledge.* Cambridge University Press.

CAPÍTULO 8

EVOLUCIÓN Y CIENCIA

Al principio de este libro, vimos cómo la filosofía de la ciencia se dedicaba a la principal tarea de la teoría del conocimiento de los últimos trescientos años: un intento de encontrar una respuesta satisfactoria al escepticismo. Sabíamos que la ciencia sí funcionaba, pero no podíamos demostrarlo. No podíamos demostrarlo porque las teorías científicas no podían probarse mediante la experiencia. Los pasos que nos llevaban de los hechos, de los datos, a nuestras teorías favoritas implicaban razonamientos falaces. Argumentar que los hechos simplemente "justifican" las teorías (o nuestra creencia en ellas) no ayudó, como tampoco lo hizo la noción de que la experiencia simplemente nos dice qué teorías son las más probables. A continuación, examinamos la afirmación de Popper de que el problema estaba mal planteado, ya que la ciencia no funcionaba por inducción. Pero su sugerencia de que la racionalidad científica reside en nuestro intento de falsar teorías, aunque intuitivamente más atractiva, también flaqueó ante las críticas de Kuhn, Feyerabend y Lakatos. Otras sugerencias, como la simplicidad y la capacidad para resolver problemas, no tuvieron mejor suerte en nuestra búsqueda de una demostración de la racionalidad de la ciencia.

En el proceso, el propio problema con el que comenzamos se ha transformado de la siguiente manera. Se suponía que la ciencia procedía mediante la adhesión a reglas metodológicas que especificaban los medios por los que la experiencia emitía un juicio sobre la teoría (ej., proporcionando apoyo inductivo a una teoría particular, o falsándola, y así sucesivamente). Pero gracias al trabajo de Kuhn, Feyerabend y otros, se ha hecho evidente que no se encuentran tales reglas, al menos no reglas metodológicas generales. No debemos tomar esto como que nunca se puede dar una justificación para preferir un punto de vista científico a otro, sino más bien que tal justificación no puede ser dada por un conjunto de reglas de aplicación general. Ahora bien, el trabajo de Kuhn, así como el de Polanyi, sugiere no sólo que la racionalidad variará de un caso a otro, sino también que sólo los expertos en la disciplina podrán decir si se ha tomado la decisión correcta. Según Lakatos, este resultado dejaría la racionalidad científica en manos de una élite. Y el problema con una élite es que sus procedimientos pueden degenerar por exceso de confianza o por muchas otras razones.

El nuevo problema de la racionalidad es entonces cómo construir una práctica científica que aumente nuestras posibilidades de dar con reglas, normas, métodos o procedimientos adecuados a casos concretos, sin tener que depender por completo del juicio de una élite posiblemente estancada.

Me parece que al intentar resolver este problema deberíamos alejarnos de concepciones anticuadas de la naturaleza humana. Ya es hora de reconocer, en primer lugar, que el ser humano forma parte de la naturaleza y que, al analizar sus concepciones de sí mismo y del mundo, debemos tomarnos en serio las lecciones que Darwin empezó a enseñarnos en 1859 con su publicación *Origen de las Especies*. En este sentido, conviene recordar que la ciencia es un producto de la inteligencia, que la inteligencia es un instrumento de adaptación y ella misma el resultado de la evolución. Ahora bien, lo que distingue a la inteligencia de otros mecanismos químicos y neuronales de interacción con el mundo es que la inteligencia trasciende la capacidad de responder a las exigencias inmediatas del entorno, como dejó claro Piaget (1972). Es esta libertad de respuesta la que permite a la inteligencia formarse visiones arrolladoras del mundo y los medios para criticarlas. La ciencia es, por supuesto, una empresa comunitaria que implica la división del trabajo y se lleva a cabo en un medio social. La ciencia es así, por hablar quizá metafóricamente, pero no de forma inexacta, una aplicación social de la inteligencia para comprender nuestro mundo, un mundo del que nosotros mismos formamos parte.

No soy el primero en argumentar que deberíamos intentar comprender la ciencia en un contexto evolutivo. Mach, Poincare, Lorenz, Popper, Campbell, Toulmin, Hull y muchos otros han hecho diversos intentos – para una relación véase el capítulo 6 de mi (1981). Incluso Kuhn afirmó que podíamos entender el progreso de la ciencia por analogía con la teoría de la evolución, y Feyerabend vinculó ocasionalmente sus ideas a la biología evolutiva. Además, el famoso filósofo estadounidense W.V.O. Quine abogó por la naturalización de la epistemología, dejando caer la palabra "evolución" aquí y allá.

Aunque normalmente es una buena práctica que un escritor se limite a decir lo que quiere decir, esta vez, para evitar confusiones, es mejor que empiece señalando lo que no quiero decir. La razón es que la obra producida por varios de los pensadores que acabo de nombrar se ha denominado "epistemología evolucionista" o (en el caso de Quine) "epistemología naturalizada". Las referencias a la evolución pueden, por tanto, inclinar a algunos lectores a categorizar mis palabras como pertenecientes a uno u otro campo (o a ambos) y a leerlas con ciertas expectativas en mente, un proceso que es muy probable que produzca malentendidos.

El punto de vista que defenderé no es como la epistemología evolucionista analógica de Popper, Campbell, Toulmin y Hull. Tampoco es como la epistemología naturalizada de Quine. Por muy interesante y valioso que sea todo este conjunto de trabajos, tiene algunas deficiencias decisivas. Al presentar el punto de vista analógico, por ejemplo, el epistemólogo intenta demostrar que el desarrollo de la ciencia es estrechamente paralelo a la evolución de las especies según el neodarwinismo. Las poblaciones de ideas científicas, digamos, cambian en respuesta a las presiones que ejerce sobre ellas el entorno intelectual (que puede servir como equivalente de la selección natural). Lo que el epistemólogo quiere es, por supuesto, demostrar que la ciencia es una empresa racional. Ahora bien, supongamos que logra forjar una analogía estrecha. ¿Qué se deduce de ello? Seguramente no que la ciencia sea racional. Ser como la evolución de la vida, que en sí misma no es racional, no puede bastar. Así pues, el propio planteamiento parece erróneo. Para empeorar las cosas, todas las analogías propuestas de este tipo se han venido abajo tras una inspección minuciosa. Esta cuestión, así como las mencionadas en los dos párrafos siguientes, está respaldada por argumentos en mi artículo original sobre este tema (1986).

Un segundo problema de la mayoría de los enfoques analógicos, si no de todos, es que hacen trampa. El epistemólogo quiere dar cuenta de la historia de la ciencia como un proceso racional, y por ello se apoya en el gran éxito del neodarwinismo para explicar la historia natural. Es decir, utiliza el prestigio del neodarwinismo para que le escuchen. Pero una vez que ha hecho unas cuantas comparaciones plausibles, se apresura a anunciar que la evolución biológica es responsabilidad de sólo una parte de una teoría de la evolución mucho más completa, una teoría que incluye sutilezas como el acoplamiento de la variación y la selección o la herencia de las características adquiridas, que se supone que exhibe la evolución cultural (ya que las ideas adquiridas por una generación pueden transmitirse a la siguiente). En otras palabras, el epistemólogo recupera las mismas nociones que el neodarwinismo tuvo que descartar para ganarse el prestigio del que goza hoy en día. Así pues, bajo un examen minucioso, el enfoque analógico ofrece poca justificación o motivación. Esto no quiere decir que no se pueda hacer un buen uso de algunas analogías de la evolución en epistemología, pero eso es otra historia.

Un tercer problema, al menos a ojos de la mayoría de los filósofos, es que una epistemología basada en la historia de la ciencia sólo puede ser descriptiva, mientras que una verdadera epistemología tiene que ser prescriptiva. Es decir, la historia de la ciencia presumiblemente sólo puede decirnos cómo es la ciencia, no cómo debería ser. Es asunto de la epistemología hacer lo segundo, no lo primero. Ahora bien, algunos filósofos han reaccionado a este argumento levantando las manos y declarando que una epistemología descriptiva es suficientemente buena. De ahí que Quine propusiera que hiciéramos de la epistemología un capítulo de la psicología. Pensó que esto equivalía a una naturalización de la epistemología. Una vez más, los detalles no corroboran el sensacional anuncio, pues la idea que Quine tenía de la psicología era el conductismo de B.F. Skinner, que, aparte de sus muchas dificultades internas, al hacer de la mente una caja negra descartaba la neurociencia y, por tanto, la búsqueda de mecanismos a través de los cuales la selección natural pudiera fundamentar la psicología. Es cierto que Quine tenía razón al sugerir que, puesto que las reconstrucciones lógicas de la ciencia de los positivistas eran fracasos estrepitosos, tenía más sentido simplemente indagar en cómo se genera realmente la ciencia. Pero su propuesta real no sólo impediría que la epistemología comprendiera los valores epistémicos, sino que impediría que la *psicología* se naturalizara.

Sin embargo, no hay ninguna razón para que la epistemología de la ciencia tema la distinción entre describir y prescribir. Ya hemos visto el reconocimiento de Hempel de que las normas del método científico "explicadas" por los positivistas lógicos se trazaron en realidad con la vista puesta en la práctica de la ciencia, después de todo (Cap. 6). Y antes vimos que la afirmación de Popper de que el asunto de la epistemología era decirnos cómo debía hacerse la ciencia, no cómo se hace en realidad, lo que enfrenta a la racionalidad y al progreso, y que el progreso vencerá en esa confrontación (Cap. 4). En este capítulo iré aún más lejos y esbozaré una visión biológica de la racionalidad científica, una visión más acorde con el espíritu, y en ocasiones con la palabra, del pensamiento de Lorenz.

No quiero decir que la ciencia sea como la naturaleza, sino más bien que forma parte de la naturaleza. Permítanme volver a mi relato sobre la génesis de la ciencia. Antes he afirmado que la ciencia es una expresión social de la inteligencia en su trato con el mundo. Un aspecto característico de la inteligencia, nos dice Piaget, es que permite a los organismos trascender las exigencias inmediatas del entorno para poder comportarse con mayor ventaja en un momento y lugar más convenientes. Esta acción indirecta de la inteligencia nos permite, por ejemplo, evaluar cursos de acción alternativos sobre la base de la experiencia previa y ensayar acciones futuras en la imaginación. Piaget descubrió que la inteligencia es un poderoso instrumento de adaptación. Su perspicacia se ve reforzada por un análisis de la base neural de la inteligencia. A medida que aumenta la complejidad del sistema nervioso central, también lo hace la flexibilidad de su respuesta. La información procedente de los sentidos puede desviarse, retrasarse y almacenarse; puede compararse con la información procedente de otras modalidades sensoriales, así como con la información anterior y con las expectativas. A medida que aumenta la complejidad del sistema nervioso central, también lo hace el número de modalidades de acción indirecta. La inteligencia, por supuesto, tiene muchas facetas, pero hay una en particular que sugiere cómo puede aumentar la adaptabilidad. Me refiero a la curiosidad.

Jacob Bronowski dijo una vez que la curiosidad nos libera de la simple animalidad (1973). Pero como señaló Konrad Lorenz (1971), la curiosidad existe en ratas y cuervos, y en muchos otros animales, no sólo en los humanos. La curiosidad se ve mejor como una forma de juego (con el entorno) y como tal surge en situaciones que no exigen una atención inmediata al entorno. Los animales juegan, o muestran curiosidad, no para satisfacer directamente el hambre o los impulsos sexuales, sino porque el juego (y la curiosidad como forma de éste) proporciona una motivación propia: Es placentero. Al tratar de satisfacer su curiosidad, un animal ensaya una amplia gama de habilidades, y de combinaciones de habilidades, que más tarde le permitirán desenvolverse con mayor eficacia en el entorno. Pues esas habilidades, cognitivas en este caso, permitirán al animal conocer mejor su entorno o idear estrategias con las que lograr ese objetivo (por conocer mejor el entorno me refiero a desarrollar medios para tratar con el entorno que conduzcan a una respuesta más exitosa). Gracias a la curiosidad, otros pueden adaptarse a entornos para los que su especie no ha sido "diseñada", y otros, que conservan gran parte de su carácter lúdico a lo largo de su vida, pueden adaptarse a entornos cambiantes.

En el Medio Oeste estadounidense, donde vivo, las bajas temperaturas por sí solas harían imposible que los humanos sobrevivieran todo el año, si no fuera porque los humanos han aplicado su inteligencia para fabricar ropa y refugios, inventar el fuego y protegerse de las inclemencias del tiempo de muchas otras maneras. Para hacerlo aún mejor, los humanos han aplicado su ciencia y tecnología al transporte, y así son capaces no sólo de vivir cómodamente sino de buscar un respiro ocasional de su entorno en los climas benignos de países como México y Australia.

La justificación evolutiva de la curiosidad, y del juego en general, se encuentra en el aumento de la gama de habilidades que resultan útiles más adelante en la vida. Pero hay un costo para el individuo. Cuando juega con otros o con el entorno físico, un organismo no está comiendo, no se está apareando y no está haciendo nada de utilidad inmediata. Para empeorar las cosas, el organismo se distrae con su juego y puede no percatarse de la aproximación de un depredador, o de algún otro peligro. La recompensa suele estar muy lejos en el futuro. Este aplazamiento de la satisfacción material es una magnífica ilustración de la acción indirecta que permite la inteligencia. En cualquier caso, mi sugerencia es que podemos encontrar los orígenes de la ciencia en la coyuntura en la que la curiosidad humana por el mundo se convierte en social.

Igual que llegamos a cazar en grupo– un ejercicio de otra forma de inteligencia social – ahora intentamos satisfacer nuestra curiosidad en grupo. Hay dos razones principales para que esto sea así. La primera es simplemente que para explorar nuestro entorno en gran profundidad a menudo se requiere la cooperación de otros. Un experimento de física gravitatoria puede tener que llevarse a cabo más allá de la atmósfera terrestre e implicará campos tan diversos como la cohetería, la metalurgia, los superconductores, la química y la dinámica orbital, así como la teoría general de la relatividad. Incluso en un mismo campo, algunos proyectos son demasiado grandes para ser abordados por un solo investigador. A un cierto nivel de sofisticación, la división del trabajo se convierte en algo esencial.

La segunda razón es que el propio intento de satisfacer la propia curiosidad de una manera específica puede muy bien requerir la existencia previa de una institución dedicada a tal objetivo. Uno no puede limitarse a decidir estudiar las interacciones entre hadrones y leptones a menos que tenga entrada en una sociedad comprometida con un programa de investigación en física de partículas elementales; del mismo modo, uno no puede limitarse a decidir convertirse en lechero en un continente en el que no existen los mamíferos placentarios.

Una vez que se convierte en social, el intento de satisfacer nuestra curiosidad sobre el mundo adquiere un poder extraordinario, al igual que las habilidades que se derivan de él. Ahora bien, si este relato general es correcto, deberíamos esperar que tal empresa social (la ciencia) nos permitiera:

(a) Tener una interacción mayor con el entorno.

(b) Ampliar los entornos a los que podemos adaptarnos.

Y (c), adaptarse a un entorno en constante cambio.

Como he sugerido, la ciencia proporciona de hecho tales ventajas (por ejemplo, la vida contemporánea en el Medio Oeste). No pretendo sugerir también que en todos los casos en que una habilidad humana adquiere un carácter social se vuelve por ello más eficaz. Así fue en el caso de la caza en los entornos a los que se enfrentaron nuestros antepasados hasta hace unos diez mil años. Y me parece que también es así en el caso de la ciencia. Lo que la ciencia tiene que ofrecer, por tanto, es una interacción más completa con el entorno y un número cada vez mayor de entornos, incluidos los cambiantes, a los que podemos adaptarnos. Esta es la función que la ciencia puede desempeñar para nosotros, si decidimos dedicarnos a ella.

No es que la curiosidad garantice la supervivencia. Debido a su capacidad para enfrentarse a una mayor variedad de entornos, una especie puede trasladarse a un entorno especialmente rico. Pero los cambios posteriores en ese entorno pueden ser tan drásticos que esta especie concreta se extinga, a pesar de su flexibilidad. Los grupos y los individuos sufren tribulaciones similares. Gracias a la curiosidad, muchos animales acumularán más tarde grandes ventajas, aunque en una fase temprana algunos de ellos mueran a causa de peligros de los que habrá que culpar a su naturaleza curiosa. Lo que la curiosidad aumenta, pues, es la capacidad de adaptación, aun a costa de incrementar los riesgos inmediatos.

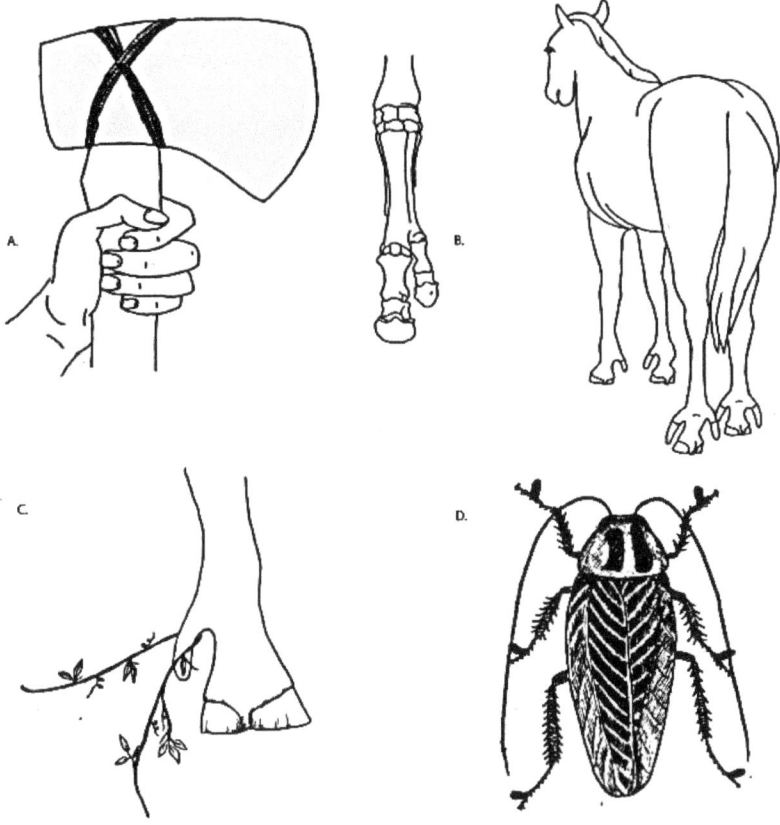

A. Un pulgar oponible dio a nuestros ancentros una ventaja evolutiva.
B. Un dedo que sobresalía de manera similar se convirtió en un obstáculo para los caballos antiguos, y que sería fatal para los caballos modernos.
C. La rama tumba al caballo con pulgar.
D. ¿Dónde pondría una cucaracha el dedo?

Figura 8.1. Un pulgar oponible no es ventajoso para todas las especies.
Ilustraciones de Nicole Ankeny.

Sería un error pensar que los organismos incapaces de sentir curiosidad, y mucho menos de desarrollar la ciencia, no pueden ser también muy adaptables. Lo que aumenta la adaptación (o el potencial de adaptación) en un tipo de organismo depende de las clases de interacciones que los organismos de ese tipo pueden tener con el entorno. Un pulgar oponible puede ser de gran valor para los animales que presentan una estructura esquelética y un desarrollo de su sistema nervioso central determinados, e.g., los humanoides, en muchos entornos pero no en todos. Pero para otros tipos de animales, por ejemplo los caballos o las cucarachas, un pulgar oponible sería desventajoso o inútil en la mayoría de los entornos típicos (**Figura 8.1**). Lo mismo ocurre con la inteligencia: El aumento del metabolismo que iría unido a un aumento de la complejidad del sistema nervioso central conlleva un precio que puede ser demasiado alto para muchos organismos. Un avance en la dirección de la inteligencia elevada, y mucho menos su telescopia social en la ciencia, ni siquiera puede empezar.

Tampoco hay que pensar que todo producto de la ciencia, o toda habilidad o técnica científica deba ser claramente adaptativa. Sin duda, el modelo de la ciencia como surgida de la curiosidad no implica tal conclusión. Después de todo, no todas las habilidades que un animal desarrolla en su juego con el entorno resultarán más tarde de la mayor utilidad. Algunas no tendrán ninguna utilidad. Y a otras se les dará un uso indirecto. Si la ciencia es juego, como sugiero, es probable que ideemos todo tipo de juegos al explorar nuestro mundo. Y algunos de esos juegos serán seguramente muy abstractos e intrincados. Algunos de ellos pueden facilitar en gran medida el desarrollo de algunas habilidades que resultarán útiles en nuestro trato con uno o varios entornos (por ej., proporcionando elaboraciones conceptuales, matemáticas o instrumentales de nuestras teorías). Así las cosas, Kuhn ya señaló que gran parte del trabajo científico consiste en articular los principales puntos de vista que sostenemos.

Con este relato de la génesis y la naturaleza de la ciencia en mente, permítanme abordar ahora el problema de la racionalidad. Dado que la ciencia es una empresa comunitaria con división del trabajo, la cuestión de la racionalidad de la ciencia debe plantearse a la ciencia en su conjunto. Este punto va directamente en contra de la forma típica en que los filósofos han abordado la cuestión de la racionalidad: Se fijan en si tal o cual gran científico, o grupo de investigación, se adhirió a tal o cual conjunto de reglas metodológicas. Pero me parece que abordar la cuestión de esta manera es cometer un error lógico. Al intentar determinar si un equipo de fútbol (soccer) es bueno, no podemos limitarnos a observar si sus jugadores son individualmente buenos. Queremos saber, en cambio, las relaciones sociales y estructurales que el equipo exhibe durante sus partidos, si, en definitiva, sabe jugar como un equipo. Cuando un jugador crea un espacio hacia el que otro puede moverse para recibir el balón y marcar, la unidad social está funcionando bien. Incluso una acción individual brillante depende a menudo de una buena colocación por parte de los compañeros de equipo que mantienen a la defensa adivinando cuál va a ser la siguiente jugada. En cualquier caso, atribuir las propiedades de los miembros individuales a todo el equipo sería un error. Y me parece que lo mismo ocurre en la ciencia.

Propongo que la pregunta "¿Qué haría falta para que la ciencia fuera racional?" se considere equivalente a la pregunta "Cómo debe estructurarse la ciencia para que cumpla su función?". Mi relato evolutivo nos obliga a plantear la pregunta de este modo, y también sugiere cómo responderla. Determinar cómo debe estructurarse u organizarse la ciencia para que cumpla su función es determinar qué haría falta para que la ciencia nos permitiera adaptarnos a nuevos entornos o a un entorno cambiante, etcétera.

Entonces nos daremos cuenta fácilmente de que los puntos de vista científicos suelen estar diseñados para dar sentido a un entorno concreto: el de nuestra experiencia. Pero el éxito en un entorno, o en un contexto, no garantiza el éxito en otros. Si es probable que el entorno o el contexto cambien, merece la pena contar con una estrategia para generar puntos de vista alternativos. Es decir, un requisito organizativo de la ciencia es que permita la disensión y la generación de alternativas. Este requisito de libertad intelectual debe ir acompañado de otro: Los puntos de vista científicos deben tener la oportunidad de desarrollarse. Tienen que empezar como todas las ideas: pequeñas y casi con toda seguridad vagas. Pero si vemos algo prometedor en ellas, no debemos abandonarlas sólo porque entren en conflicto con la evidencia. Podemos hacerlo, pero no deberíamos tener que hacerlo. De lo contrario, las ideas nunca florecerían hasta convertirse en grandes logros científicos. Recordemos una razón clave por la que las contrapruebas no tienen por qué ser siempre decisivas: La observación y el experimento siempre tienen que ser interpretados, pero la interpretación que los convierte en contrapruebas puede depender de teorías que el propio desarrollo de las nuevas ideas expondría como inadecuadas.

Estos dos requisitos de la libertad intelectual, que la ciencia debe organizarse de forma que permita y quizás fomente la generación y el desarrollo de nuevas ideas, deben ser cumplidos por la ciencia en su conjunto, no necesariamente por científicos individuales. Algunos científicos generarán nuevos planteamientos, otros los desarrollarán de forma muy obstinada y otros rechazarán todo menos los puntos de vista aceptados del momento. Algunos científicos tendrán una mentalidad abierta y otros no. No importa, siempre y cuando haya suficiente espacio en la ciencia para todos los tipos. Si lo hay, si la ciencia emplea una estrategia para aceptar y desarrollar nuevas ideas, entonces la ciencia estará en mejor posición para adaptarse con flexibilidad a los nuevos retos. Nos permitirá así hacer frente a entornos nuevos o cambiantes. Si es así, cumplirá su función, la función sugerida por mi relato biológico. Y en un análisis muy directo de los medios y los fines de la racionalidad, deberíamos concluir que la ciencia sería entonces una empresa racional.

Observe que este análisis de medios-fines también proporciona una receta para resolver el problema contemporáneo de la racionalidad científica. Se plantearon dos exigencias al epistemólogo. La primera era que la ciencia debía proceder de tal manera que sus practicantes generasen métodos y procedimientos oportunos. Vista desde la perspectiva de mi concepción social de la racionalidad, la ciencia ofrece precisamente una estrategia general para mejorar las posibilidades de alcanzar el objetivo deseado. La segunda exigencia es que se cumpla la primera sin atar a la ciencia a los peligros de ser gobernada por una élite estancada. Los dos requisitos de la libertad según la concepción social reducirán tales peligros.

Sin embargo, después de determinar cómo debe ser la ciencia, nos queda saber si la ciencia es realmente racional. Creo que en gran medida es así. Incluso bajo la descripción más desafiante de la historia de la ciencia como la de Feyerabend, podemos ver que la ciencia exhibe las estrategias requeridas. De hecho, lo que he denominado los dos requisitos de la libertad intelectual se solapan en gran medida con los principios de proliferación y tenacidad de Feyerabend (Cap. 6). Lo que parece anarquía bajo una concepción que equipara la racionalidad con la adhesión a normas metodológicas, ahora parece el tipo mismo de estructura organizativa que debería tener la ciencia. Con el cambio a una concepción social, también pasamos de buscar la racionalidad en la elección de la teoría a encontrar la racionalidad en la capacidad de alcanzar determinados objetivos. Como ocurre en la propia ciencia, la solución de un problema tiene lugar dentro de una transformación de la perspectiva en el campo.

No quiero decir, por cierto, que la irracionalidad a nivel del individuo se convierta en racionalidad a nivel social. Lo que quiero decir es más bien que el concepto de racionalidad científica ya no debe aplicarse a los científicos individuales. Las propiedades sociales son propiedades sociales. No obstante, hay muchas otras formas en las que la cuestión de la racionalidad individual puede seguir planteándose. Por ejemplo, una vez que un científico o un grupo de científicos considera prometedora una determinada visión del mundo, se conciben procedimientos para seguir desarrollándola y ponerla a prueba. Entonces deben alcanzarse muchos objetivos y subobjetivos, y algunos medios pueden ser más eficaces para alcanzarlos. Una vez más utilizaríamos un análisis de medios-fines de la racionalidad.

Hubo un tiempo en que tal distinción, entre descripción y prescripción, parecía condenar los planteamientos naturalistas a algo menos que una auténtica epistemología. Pero ahora podemos dejar de lado este reparo y seguir adelante con nuestros programas naturalistas. Una tarea que aún debe realizarse con mucho más detalle es la determinación de la dinámica social, organizativa o institucional mediante la cual la ciencia puede desempeñar mejor su función. Por ejemplo, la interacción entre los dos requisitos de la libertad intelectual, buscar la novedad y mantener el propio punto de vista, no se limita a grandes grupos de científicos enfrentados a otros grupos. Esa interacción tiene lugar de muchas maneras, y algunas de ellas se describen, por ejemplo, en varios artículos de *Issues in Evolutionary Epistemology*, editado por K. Hahlweg y C.A. Hooker (1989). En ese libro, Hooker, por nombrar a un autor, nos habla de niveles jerárquicos, o capas, con una variedad de bucles de retroalimentación. En su modelo, los científicos individuales desempeñarán uno o varios papeles institucionales, pero al hacerlo se encontrarán a veces en cooperación y a veces en desacuerdo con otros científicos con papeles institucionales diferentes. Por ejemplo, un equipo de físicos que trabaje en el mismo proyecto bien puede representar diferentes áreas de especialización dentro de la física. En su papel institucional, o en su papel dentro del grupo, el físico especialista en plasma deberá impulsar su perspectiva particular en cuanto a lo que es importante, y lo mismo deberá hacer el físico especialista en partículas. El físico matemático tendrá otras preocupaciones a las que el grupo puede enfrentarse tarde o temprano. Hooker tiene razón al sugerir que encontraremos algunas coincidencias, así como algunas ideas diferentes sobre qué hacer y cómo interpretar lo que se ha hecho. Cuando el grupo de investigación interactúa con otro grupo de investigación, como nos dice Kuppers, imagino que encontraremos muchas otras oportunidades para la variación y la recombinación, así como para preservar el punto de vista inicialmente favorecido por el grupo. He elegido aquí a propósito una analogía biológica, pues creo que en tareas como éstas el razonamiento analógico tiene su mayor papel que desempeñar. Tengo en mente, por ejemplo, el trabajo de David Hull (1978). En particular, me parecen muy útiles sus relatos sobre el modo en que las recompensas en la ciencia ayudan a lograr la cooperación y a mantener la honestidad de la disciplina. Sin embargo, debemos tener en cuenta que, aunque las analogías sugieran hipótesis sobre los mecanismos que determinan la dinámica social de la ciencia, esas hipótesis tendrán que valerse por sí mismas.

No es muy probable que la filosofía tradicional vea con buenos ojos mi planteamiento. No puedo intentar refutar todas las objeciones imaginables en el espacio de un capítulo, pero permítanme repasar una de las principales fuentes de descontento: la sensación de que estoy tratando la racionalidad como el producto de un mecanismo de mano invisible y que hay algo terriblemente erróneo en hacerlo. Una forma de expresar este sentimiento es que, según mi planteamiento, la racionalidad científica no sería el producto de una deliberación consciente (ya que la ciencia en su conjunto rara vez delibera) y, por tanto, es inapropiado hablar de racionalidad. Si se va a emplear un análisis de medios y fines, más vale que sepamos cuáles se supone que son los fines y cómo nos los conseguirán los medios. Sin embargo, me parece en cambio que esta misma exigencia de deliberación consciente es inapropiada. Los filósofos de la ciencia llevan siglos intentando determinar lo que los científicos deberían hacer, o lo que hacen cuando se comportan de forma cercana a lo ideal. Pero estos filósofos rara vez se han dejado disuadir por lo que los científicos anuncian que es su método, ya que a menudo los científicos dicen una cosa y hacen otra, y de todos modos pueden hacer lo incorrecto. El "verdadero" método científico no formaba entonces parte del dominio público, seguramente no era una cuestión de deliberación consciente. Como dijo Lakatos (1978), el trabajo del filósofo consiste en descubrir los criterios universales que los grandes científicos aplicaron de forma subconsciente o semiconsciente en su evaluación de casos particulares. No creo que existan tales criterios universales, pero la cuestión es que a la corriente principal de la filosofía de la ciencia siempre le ha parecido cómodo hablar de racionalidad en ausencia de deliberación consciente. Si esto es una objeción a mi punto de vista, entonces es una objeción en contra de hacer filosofía de la ciencia de la corriente principal en absoluto.

Una segunda forma de expresar la molesta sensación es que si la ciencia forma parte de la naturaleza, entonces es de algún modo inevitable; y si es inevitable, ¿qué sentido tiene hablar de racionalidad? Sin embargo, me parece que nuestros talentos naturales pueden desarrollarse o no: A menudo elegimos qué hacer con ellos. Una habilidad tan básica como la de comer puede ejercitarse adecuadamente o no (basta con observar prácticamente cualquier multitud de seres humanos en cualquier ciudad occidental); o podemos elegir no ejercitarla en absoluto y morirnos de hambre por despecho o pasión política. Que nuestra capacidad para producir ciencia sea un producto de la historia natural no tiene por qué impedir que elijamos practicarla más, menos o nada. Puede que seamos perezosos o que no nos atrevamos lo suficiente. Además, la ciencia sería una de las muchas habilidades sociales. En muchas situaciones sociales, la ciencia no se plantearía porque entraría en conflicto con los mecanismos de la sociedad para preservar la cohesión del grupo (por ej., la religión) y los pondría en tela de juicio. Y también puede haber otros conflictos. Sin embargo, una vez que veamos la ciencia como parte de la naturaleza, podremos comprenderla mejor y también plantearnos mejor las cuestiones sobre su racionalidad y su valor.

Esto nos lleva a un punto muy importante. Hablo de la ciencia como algo racional porque los fines que nos permite alcanzar presumiblemente merecen la pena. He hablado de cómo la ciencia nos permite enfrentarnos a entornos nuevos o cambiantes, de adaptabilidad en definitiva. Dado mi relato naturalista, parece que la ciencia tiene alguna función que merece la pena que desempeñe para nosotros. Pero, ¿realmente merece la pena esa función? ¿Debe la adaptabilidad tener prioridad sobre otros objetivos que también puedan tener los seres humanos? La cuestión de la racionalidad de la ciencia conduce así de forma muy natural a cuestiones sobre valores, no sólo epistémicos, sino también sociales y morales. Los epistemólogos duros de mollera pueden encontrar en este resultado un motivo de desesperación. Ya es bastante malo preocuparse por la racionalidad de la ciencia sin tener que luchar también por salir del marasmo de los valores. Pero creo que la situación es mucho más alentadora que eso. Con los modelos inferenciales estándar con los que los filósofos han abordado las cuestiones de valor, no podríamos llegar muy lejos. Pero he propuesto en otro lugar una teoría causal del valor en la que el conocimiento y el valor forman una intrincada red que puede ser criticada de diversas maneras (1998). En cualquier caso, un relato naturalista prospera no ignorando el aspecto normativo del pensamiento humano, sino uniendo ese aspecto al resto de nuestra naturaleza.

Confío en que lo dicho hasta ahora establezca la epistemología evolutiva como una epistemología genuina. Me gustaría mencionar brevemente otras áreas de la epistemología en las que un enfoque verdaderamente evolutivo tiene importantes contribuciones que hacer. Una de ellas es la cuestión del realismo, en la que las consideraciones evolutivas pueden ser poderosas herramientas filosóficas. En mi opinión, una epistemología verdaderamente evolutiva nos compromete con un relativismo muy sofisticado. Este será el tema de los dos capítulos siguientes.

Un segundo ámbito es el de nuestra comprensión de los orígenes y motivaciones de la ciencia. Es un lugar común entre los filósofos afirmar que la ciencia tiene su origen en la resolución de problemas. Popper (1972) y otros han insistido en este punto a lo largo de su obra. Pero este lugar común puede ser engañoso. Como he argumentado, y como a menudo exige la intuición científica, la ciencia tiene más bien su origen en la curiosidad, en nuestro juego con el mundo. La ciencia es esencialmente un juego, un juego. Dentro de los juegos siempre hay problemas que resolver, pero me parece que hablar de resolución de problemas, en este sentido, no es muy informativo.

Un tercer ámbito afecta directamente a algunas de las preocupaciones expresadas por los epistemólogos evolucionistas contemporáneos. Desde hace muchas décadas, los epistemólogos intentan explicar la historia de la ciencia como racional, con resultados desiguales, para ser caritativos. Para algunos, la teoría evolutiva parece muy prometedora a la hora de abordar esta tarea. Pero si nos tomamos la evolución lo suficientemente en serio como para ver la ciencia como parte de la naturaleza, la tarea epistemológica puede empezar a parecer una compulsión innecesaria: Pues la ciencia debería considerarse entonces parte del fenotipo humano, como seguramente lo son otros comportamientos. Considere organismos tan simples como las bacterias. En un entorno pobre, un tipo de bacterias depredará a sus competidoras. Si el entorno se vuelve rico en nutrientes, las bacterias cambiarán radicalmente su comportamiento: se alejarán de las otras. Podemos explicar su comportamiento haciendo referencia a su organización interna, su historia pasada, etc. Pero esta explicación debe ir más allá de un relato de los dos estados fenotípicos, de la historia del comportamiento en sí. El segundo comportamiento no "se sigue" del primero de forma lógica o racional. El organismo simplemente experimenta un cambio radical de postura ante el entorno. Lo que nos permite dar sentido al cambio es el conocimiento de la naturaleza del organismo y del carácter de su interacción con el entorno. Y me parece que no podemos excluir el mismo tipo de consideraciones en el caso de la ciencia humana.

Si la ciencia forma parte del fenotipo humano, no tiene por qué haber una continuidad lógica o racional de una etapa de su historia a la siguiente. En ese sentido, la ciencia "racional" a menudo no lo será, ya que satisfacer nuestra curiosidad por el mundo puede exigir, en ocasiones, un cambio radical en nuestro planteamiento del juego. El comportamiento del bebé pequeño no tiene por qué ser continuo con el del niño mayor, aunque el cambio de uno a otro puede explicarse por consideraciones piagetianas sobre la ontogenia. De forma similar, el contenido de nuestra ciencia en una determinada etapa del desarrollo no tiene por qué ser continuo con el que le sigue (aunque en muchos casos reales podría haber bastante continuidad). Pues bajo presiones radicales o la excitación de nuevas ideas verdaderamente radicales, la ciencia puede cambiar igual de radicalmente de un punto de vista a otro. La racionalidad de la ciencia no debería depender, pues, de la continuidad lógica de su contenido. Podemos encontrarla, en cambio, fuera de esa historia: en los mecanismos que hacen surgir la ciencia y en la función que le permiten desempeñar.

REFERENCIAS

Bronowski, J. Series televisivas: *The Ascent of Man*, 1973.

Hahlweg, K., Hooker, C.A. (1989). Eds., *Issues in Evolutionary Epistemology,* Volumen 3, No. 2, SUNY Press.

Hull, D. (1978). "Altruism in Science: A Sociobiological Model of Co-operative Behavior Among Scientists", *Animal Behavior.* 26.

Lakatos, I. (1978). "The Problem of Appraising Scientific Theories", en su *Mathematics, Science and Epistemology.* Cambridge University Press.

Lorenz, K. (1971). *Studies in Animal Behavior.* Harvard University Press.

Munévar, G. (1981). *Radical Knowledge: A Philosophical Inquiry into the Nature and Limits of Science,* Avebury Publishing Co. y Hackett Publishing Co.

Munévar, G. (1998). "The Morality of Rational Ants." Capítulo 10 de *Evolution and the Naked Truth,* Ashgate Publishing Ltd.

Piaget, J. (1972). *The Psychology of Intelligence.* Littlefield, Adams & Co.

Popper, K. (1972). *Objective Knowledge.* Oxford Univ. Press.

Quine, W.V.O. (1969). "Epistemology Naturalized," en su *Ontological Relativity and Other Essays.* Columbia University Press.

Toulmin, S. (1972). *Human Understanding,* vol. 1. Princeton University Press.

CAPÍTULO 9

RELATIVISMO EVOLUTIVO

La opinión de que la ciencia es típicamente un proceso acumulativo y progresivo, como sugieren algunos historiadores de la ciencia y algunos realistas científicos, se ve socavada tanto por la historia como por consideraciones evolutivas sobre la naturaleza de la ciencia. Los intentos de utilizar la biología evolutiva para retratar el desarrollo científico como algo continuo se basan en desafortunadas analogías con la evolución de la vida, como vimos en el capítulo anterior. A los enfoques no evolucionistas de la continuidad histórica de la ciencia, como el de Lakatos, no les va mucho mejor, como vimos en el capítulo 7. Una aplicación adecuada de la biología evolutiva, en combinación con la neurociencia, derrota los argumentos a favor del realismo y conduce a la comprensión de que la ciencia no sólo está abierta a una transformación radical, como indica la historia, sino que debería estarlo. Ese será un tema importante de este capítulo y del siguiente.

El *Realismo Científico* es la opinión de que el mundo tiene una estructura determinada y que la función de la ciencia es tratar de encontrar esa estructura. Una versión importante del realismo científico sostiene que este punto de vista está respaldado por el éxito de la ciencia, porque, como dice Richard Boyd (1992), la verdad es la única explicación razonable de ese éxito. En esto sigue a Hilary Putnam (1975, 79), quien argumentó que el realismo "es la única filosofía que no hace del éxito de la ciencia un milagro". Dicha postura ha sido elaborada desde entonces hasta la actualidad por diversos autores, con comentarios de J. Brown (1982), P. Lipton (1994), S. Psillos (1999), E.C. Barnes (2002), T. D. Lyons (2003), J. Busch (2008), G. Frost-Arnold (2010), y F. Dellsén (2016).

Por el contrario, el *Relativismo Evolutivo* sostiene que la visión del mundo de un organismo depende de su mente, que la mente depende de la biología, que la biología apoya una forma de relativismo lógicamente impecable y que el éxito explica la verdad, no al revés (1998). Este enfoque es coherente con la historia de la ciencia y con la ciencia más relevante para comprender la búsqueda del conocimiento.

INTRODUCCIÓN

Hay dos intuiciones particulares que afligen a muchos filósofos. Una es que el realismo debe ser correcto– aunque no puedan demostrarlo. Otra es que el relativismo debe ser erróneo– y piensan que pueden demostrarlo fácilmente.

Un propósito importante de este capítulo es argumentar que estas intuiciones son erróneas.

Detrás de la primera intuición está la sensación de que, si el realismo no es correcto, dedicarse a la ciencia tiene poco sentido. Después de todo, el negocio de la ciencia es presumiblemente investigar lo que hay ahí fuera. Si hablar de lo que hay *ahí fuera* carece de sentido (p. ej., porque el realismo es falso o un sinsentido) entonces la ciencia no tiene ningún significado particular. Popper, por ejemplo, habla del realismo como un presupuesto metafísico de hacer ciencia (1972, 203). Por supuesto, intentar demostrar que el realismo es cierto ha sido un asunto tan turbio que muchos filósofos, sobre todo en el siglo XX, lograron una gran sofisticación al lavarse las manos con la cuestión. No obstante, el realismo parece venir de serie para la mayoría de los filósofos. Según Richard Boyd, como hemos visto, sólo el realismo puede explicar por qué el éxito científico no es un misterio (1992).

VERDAD ABSOLUTA VS. ÉXITO

A pesar de Popper y Boyd, cuando nos adentramos en la historia de la ciencia, encontramos una inquietante separación entre la "verdad absoluta" y el éxito. La astronomía griega postulaba un universo con dos esferas básicas: La Tierra en el centro y la esfera de las estrellas en el borde exterior. Este modelo ha sido una excelente guía para la navegación. Sólo en el siglo pasado la ciencia moderna lo superó (con la ayuda de los inventos electrónicos, por ej., los satélites que indican la posición, etc.). Es decir, durante más de dos mil años un punto de vista completamente falso ha tenido un gran éxito en un área de gran importancia para la supervivencia y el bienestar de los seres humanos.

Así pues, la afirmación de Boyd de que sólo el realismo puede explicar el éxito de la ciencia parece poco convincente. Para empeorar las cosas para él, el campo científico de mayor éxito del último siglo es la física cuántica, y la física cuántica en su interpretación ortodoxa es decididamente antirrealista. Al menos eso es lo que dijo explícitamente Niels Bohr, el pensador más destacado en este campo: "...no se puede atribuir una realidad independiente en el sentido físico ordinario ni a los fenómenos ni a los organismos de observación" ("El Postulado Cuántico y el Desarrollo Reciente de la Teoría Atómica", en *Los Escritos Filosóficos de Neil's Bohr*, Ox Bow, 1987, 54). Por "fenómenos" Bohr no entiende los datos sensoriales de los filósofos, sino los objetos subatómicos *mensurables*. Los fenómenos son siempre el resultado de interacciones específicas con equipos de medición específicos; pero no debemos concluir así que son dos cosas separadas, una de las cuales nos da información sobre la otra, pues Bohr insiste en la "*imposibilidad de cualquier separación tajante entre el comportamiento de los objetos atómicos y la interacción con los instrumentos de medición que sirven para definir las condiciones en las que aparecen los fenómenos" ("Discusión con Einstein", en Albert Einstein: Científico Filósofo*, P. Schilpp, ed, Open Court, 1982, 210).

Esta visión interaccionista tiene muchas consecuencias filosóficas desagradables. Una de ellas resulta del hecho de que algunas disposiciones de medida excluyen otras. En algunos un electrón se comportará como una onda, en otros como una partícula, pero nunca como ambas cosas. Todo depende del tipo de disposición experimental que empleemos, y así acabamos con descripciones *complementarias*, como ocurre en el experimento de las Dos Luces (**Figura 9.1**). Las cosas *reales*, sin embargo, supuestamente no pueden comportarse de esta manera. Si somos realistas, queremos saber cómo es realmente el electrón. Además, estas descripciones complementarias cubren toda la gama de las relaciones de incertidumbre de Heisenberg. La disposición de un experimento nos permite medir el momento de una partícula, pero conlleva una incertidumbre en su posición, y así sucesivamente. Teniendo en cuenta todas estas consideraciones, parece injustificado atribuir una realidad independiente a esos objetos subatómicos. Además, insistir en su realidad independiente exige prescindir de la complementariedad de los arreglos (y por tanto de las descripciones) que es incoherente con esa realidad. Pero entonces descartamos descubrir aspectos importantes del "reino" subatómico. Como dice Bohr: "De hecho, sólo se excluyen mutuamente dos procedimientos experimentales, permitiendo la definición inequívoca de magnitudes físicas complementarias, lo que da cabida a nuevas leyes físicas, la coexistencia de lo que a primera vista podría parecer irreconciliable con los principios básicos de la ciencia" ("¿Puede ser completa la descripción de la Mecánica Cuántica?" en S. Toulmin, ed., *Physical Reality*, Harper & Row, 1970, 139).

Bohr dejó así claro que las explicaciones realistas de la física cuántica impiden la capacidad de predecir con éxito en ese ámbito. Es decir, el realismo no sólo no explica el éxito de la física cuántica, sino que la apelación a él obstaculiza ese éxito. En palabras de Bohr "...la radiación en el espacio libre así como las partículas materiales aisladas son abstracciones, sus propiedades en la teoría cuántica son definibles y observables sólo a través de su interacción con otros sistemas" (*Escritos Filosóficos*, 56-7). De hecho, por las razones anteriormente expuestas, tales interacciones conllevan "la necesidad de una renuncia definitiva a la idea clásica de causalidad y una revisión radical de nuestra actitud hacia el problema de la realidad física" ("Can Physical...", 132).

Mientras que muchos filósofos consideran que las palabras de Bohr son muy poco intuitivas, una gran simpatía ha acogido en cambio la posición realista defendida por Einstein, el principal oponente de Bohr en la disputa sobre la interpretación de la mecánica cuántica. Este no es el lugar para un análisis de esa disputa. Pero es un buen lugar para comenzar un examen de la urgencia metafísica que tantos sienten a favor del realismo. Presumiblemente, el éxito de la ciencia es un acontecimiento extraordinario que clama por una explicación; y sólo el realismo da a la ciencia lo que le corresponde. La ciencia funciona porque llega a la verdad sobre el mundo o al menos se aproxima a dicha verdad. Echemos, pues, una ojeada más al realismo, aunque, como nos muestra la historia de la ciencia, la conexión requerida entre verdad y éxito es bastante dudosa.

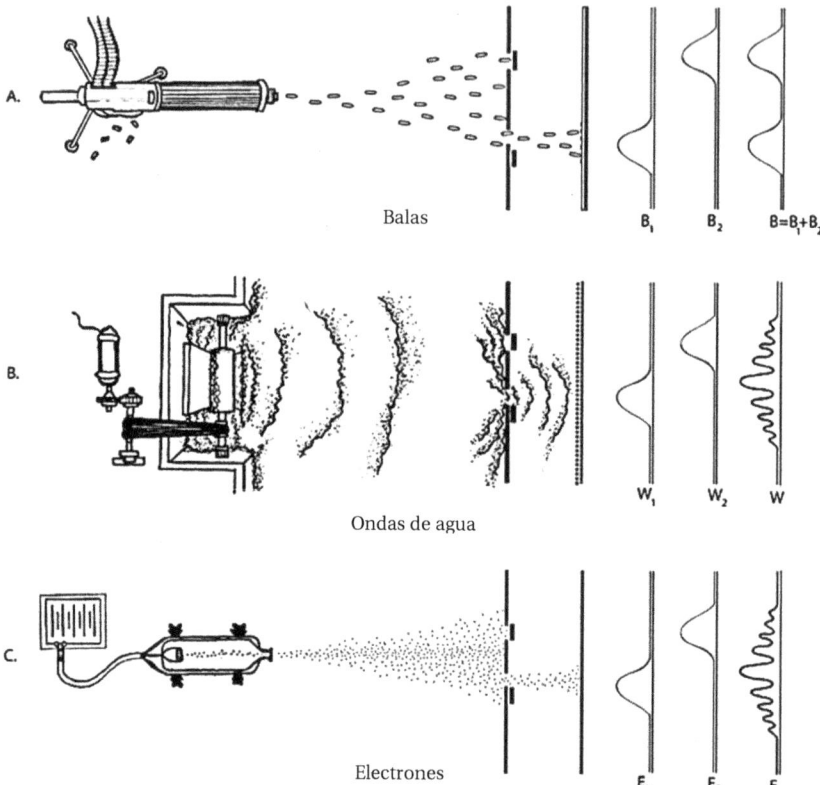

Figura 9.1. Experimento de Doble Luz. Ilustración de Nicole Ankeny.

A: Cuando las balas pasan por una rendija, dejan una distribución de trazas delante de la rendija. Cuando las dos rendijas están abiertas, la distribución final es simplemente la superposición de las dos distribuciones independientes de la rendija.

B: Experimento análogo con ondas de agua. Observe el patrón de interferencia cuando las dos rendijas están abiertas.

C: Cuando los fotones o los electrones atraviesan una de las dos rendijas, su distribución se asemeja a la de las balas. Pero cuando las dos rendijas están abiertas, la distribución final muestra un patrón de interferencia, que es lo que debería esperarse de las ondas que pasan por dos rendijas. Ilustración de Nicole Ankeny, adaptada de H.R. Pagels (1982) *El Código Cósmico*. Simon y Schuster.

SELECCIÓN NATURAL, PERCEPCIÓN Y REALISMO

Algunos pueden pensar que la evolución apoya el realismo científico, ya que incluso en el nivel de la percepción parece claro que las percepciones (aproximadamente) verdaderas o verídicas dan a un organismo más posibilidades de sobrevivir. Los organismos con percepciones falsas, en cambio, están probablemente condenados. Y por verdad se entiende la correspondencia con la forma en que son realmente las cosas.

Sin embargo, consideraciones procedentes de la biología evolutiva, la neuropsicología y otros campos científicos hacen inverosímil la afirmación de que se requieren ideas o percepciones verídicas para explicar el éxito evolutivo. En lo que sigue presentaré informalmente un esbozo de un argumento que he dado en otros lugares (1981, 1998), pero mi intención principal es presentar una serie de hallazgos científicos, influidos por la evolución, que apoyan mi intento de socavar el impulso al realismo.

Dada nuestra anterior discusión sobre Galileo, sus comentarios sobre el realismo perceptivo no deberían sorprendernos:

"... los sabores, los olores, los colores, etc., en lo que se refiere a su evidencia objetiva, no son más que meros nombres de algo que reside exclusivamente en nuestro cuerpo sensible... de modo que si se eliminaran las criaturas perceptoras, todas estas cualidades quedarían aniquiladas y abolidas de la existencia" (1623).

Lo que puede sorprender a algunos es que la actitud de Galileo, aunque con un giro evolutivo, es bastante común hoy en día entre los científicos cuyo trabajo debe tener en cuenta la percepción. Como nos dice el neurocientífico V.S. Johnston (1999), debemos abandonar la visión de sentido común de la realidad, porque:

... aunque el entorno exterior está repleto de radiaciones electromagnéticas y ondas de presión atmosférica, sin conciencia es a la vez totalmente negro y completamente silencioso. Las experiencias conscientes, como nuestras sensaciones y sentimientos, no son más que ilusiones evolucionadas generadas dentro de cerebros biológicos.

Consideremos un ejemplo: El espectro de colores es lineal; nuestra experiencia del espectro no lo es. Perceptualmente, el rojo y el verde son colores "opuestos", pero la diferencia de longitud de onda entre ellos es de apenas 1/150,000,000,000 m. ¿Por qué percibimos entonces una diferencia tan extraordinariamente pequeña? La evolución nos da la razón: El verde "corresponde" a una banda de frecuencias reflejadas en la luz blanca normal por las moléculas de clorofila, cuya detección habría dado una ventaja evolutiva a nuestros remotos antepasados. La percepción de otros colores como el rojo y el azul ayuda a fijar la detección de la clorofila al amanecer y al anochecer y en días nublados. En un lugar diferente, donde los recursos vitales dependen de compuestos químicos distintos, la evolución puede provocar una parcelación perceptiva diferente del espectro de colores. Esto significa que las experiencias "normales" del color de las criaturas en la Tierra y en Carnap II (un planeta aún por descubrir en Andrómeda) pueden ser muy diferentes, incluso en el nivel hipotético de los "datos sensoriales" tan queridos por los positivistas lógicos.

EL CEREBRO Y LA VERDAD: DUDAS

Paradojas visuales

Para comprender esta postura antirrealista sobre la percepción, empecemos por considerar las peculiaridades de la percepción visual sobre las que Donald D. Hoffman (1998) llama nuestra atención. De acuerdo con sus observaciones, al observar la **Figura 9.2** vemos claramente una imagen tridimensional. Pero sabemos que se trata de un dibujo bidimensional. Cuando lo proyecto en una pantalla, paso la mano de arriba abajo y de lado a lado sobre él. Mi mano confirma lo que afirma mi intelecto: No es tridimensional. Pero por mucho que lo intentemos, lo vemos como tridimensional. Es decir, lo vemos como no lo es. Por supuesto, hay razones por las que nuestro mecanismo visual funciona así, y una de ellas es que, como veremos más adelante, existen ventajas evolutivas, al menos en ocasiones, para percibir falsamente.

Figura 9.2. Ilustración cortesía de Ruoyu Huang.

También nos desconcierta la **Figura 9.3**, el Triángulo Kanizsa, creado por el psicólogo y artista italiano Gaetano Kanizsa (1976). Aunque la figura no contiene triángulos reales, los contornos y la cuidadosa colocación de las formas producen percepciones de dos triángulos. El espacio negativo central se percibe como un triángulo que "salta" hacia el espectador. El triángulo parece más brillante que el fondo, aunque éste tiene la misma luminosidad que el centro.

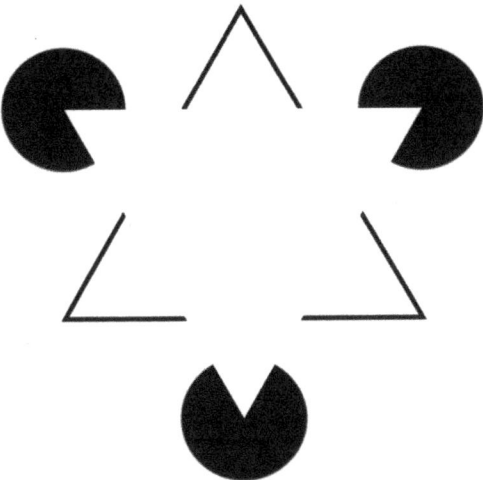

Figura 9.3. Imagen de Fibonacci CC BY-SA 3.0.

Figura 9.4. Triángulo Imposible. Imagen de Phillip McMurray.
Modelo creado por samtimes CC BY 4.0.

La visión produce imágenes desconcertantes o falsas, pero también algunas francamente incoherentes, como podemos apreciar en el "Triángulo Imposible" de Oscar Reutersvard (**Figura 9.4**). No se trata de un mero "truco de papel". Nuestro mecanismo visual puede producir imágenes de este tipo en el "mundo real", como demostró Richard Gregory construyendo con madera el tipo de objeto que vemos en la **Figura 9.5**. Visto desde cierto ángulo, la imagen será la del Triángulo Imposible.

Figura 9.5. La construcción de madera de R. Gregory vista como el Triángulo Imposible desde el ángulo derecho. Imagen de Phillip McMurray. Modelo creado por samtimes CC BY 4.0.

Las ilusiones perceptivas son bastante comunes. En la "ceguera al cambio", por ejemplo, no nos damos cuenta de que características importantes de la escena han cambiado o desaparecido (p. ej., al observar lo que tomamos por dos copias de la misma imagen de un hombre sentado ante su ordenador, no nos damos cuenta de que en la segunda "copia" falta el teclado). Y en un experimento realizado en Cornell, dos hombres que llevaban una gran puerta interrumpieron la conversación (se estaba preguntando al sujeto por una dirección) interponiéndose entre el experimentador y el sujeto. Mientras los dos hombres pasaban con la puerta, el experimentador fue sustituido por otra persona, que continuó la conversación, pero el sujeto no se dio cuenta – "ceguera por falta de atención" (Blackmore, 2002). Parece que la percepción a menudo funciona para darnos lo "esencial" de la escena en lugar de una representación rasgo a rasgo.

La extraordinaria complejidad de los mecanismos cerebrales que producen nuestras percepciones contrasta claramente con el carácter listo para ser utilizado de las percepciones que producen. En lugar del impulso realista, parece más sensato suponer que el cerebro construye percepciones que nos permitirán interactuar con prontitud y éxito (al menos gran parte del tiempo) con nuestro entorno. Así, cuando miramos una escena llena de nieve (o puntos, o letras) pero hay un rasgo diferente en nuestro punto ciego, no vemos el rasgo: En su lugar, nuestro cerebro rellena el punto ciego con más de lo mismo: nieve, o puntos, o letras (Blackmore, 2002). Esta construcción por parte del cerebro es algo más que una apuesta sobre lo que es más probable que esté delante de nosotros. De hecho, el cerebro toma la respuesta directa de sus propias neuronas a la entrada sensorial y la transforma en una percepción significativa que es, en aspectos importantes, diferente de esa respuesta. Como señalan Edelman y Tononi (2000):

> ... la actividad de muchas neuronas en las vías... sensoriales puede correlacionarse con detalles que varían rápidamente de una entrada sensorial... pero no parecen corresponderse con la experiencia consciente. Por ejemplo, los patrones de actividad neuronal en la retina y otras estructuras visuales tempranas están *en constante flujo* y corresponden más o menos fielmente a los detalles espaciales y temporales de la entrada visual que cambia rápidamente. Sin embargo, *una escena visual consciente es considerablemente más estable* y se ocupa de propiedades de los objetos que son *invariantes* ante cambios de posición o iluminación, propiedades que se reconocen y manipulan con facilidad (Mis cursivas)

Las observaciones de Hoffman sobre las ilusiones muestran hasta dónde puede llegar el cerebro en la construcción de la percepción. En la figura **Figura 9.2**, por ejemplo, sabemos que la percepción es radicalmente distinta de la entrada sensorial. Las percepciones, explica con una metáfora muy acertada, son como los iconos que aparecen en las pantallas de ordenador de fácil manejo. El software y el hardware reales que esos iconos "representan" son complicados y escapan al conocimiento de la mayoría de los usuarios de ordenador. Los iconos coloridos y fáciles de identificar construidos por los programas no se parecen a nada en particular – no son como los programas, ciertamente – pero son "símbolos" convenientes para ellos. La relación es arbitraria, ya que los símbolos podrían haber sido muy diferentes. Del mismo modo, la relación entre nuestras percepciones y esos objetos "reales" de los que se supone que tratan (y que, en algunos relatos, las producen) es arbitraria. También podrían haber sido muy diferentes. Consideremos el caso del color.

EVOLUCIÓN: PRAGMATISMO, NO VERDAD (COMO CORRESPONDENCIA)

Evolución y Contraste

Como hemos visto, incluso las criaturas algo parecidas a los mamíferos terrestres pueden dividir cromáticamente el mundo de forma diferente a como lo hacemos nosotros y, por tanto, podrían experimentar colores diferentes al mirar nuestra hierba "verde" y nuestras manzanas "rojas". Pero no necesitamos viajar a otros sistemas planetarios. Aquí mismo, en el océano de la Tierra, encontramos gambas con nada menos que once colores primarios (Koch, 2004), en lugar de nuestros tres colores primarios (rojo, verde y azul) que se combinan para producir los demás, según la teoría tricromática de la visión del color de Young y Helmholtz. La base biológica de esta teoría la proporciona la activación relativa de nuestros tres tipos de conos (Koch, 2004). De hecho, algunas mujeres tienen cuatro tipos de conos y, por tanto, es probable que hagan más discriminaciones de color que los hombres. Puede que los camarones antes mencionados compartan nuestro planeta, pero su "mundo" es bastante diferente del nuestro, y también lo son sus retos y oportunidades medioambientales. No debería sorprender, por tanto, que su experiencia con el color también sea diferente. Y también están los casos más conocidos de aves, serpientes e insectos que ven porciones del espectro electromagnético que para nosotros permanecen oscuras (ultravioleta o infrarrojo). Poder hacerlo es claramente ventajoso para ellos.

Estas consideraciones sugieren que la "razón" de la percepción es pragmática y que no hay nada intrínseco en el "verdor" o el "enrojecimiento" (en correspondencia con "rasgos" esenciales del mundo).

Algunas percepciones son abstracciones útiles. Por ejemplo, Hoffman nos recuerda el trabajo del etólogo Niko Tinbergen. En la **Figura 9.6** vemos algunos de los "iconos" que permiten a los patitos tomar decisiones instantáneas de las que puede depender su vida. Las dos imágenes son cruces. Si la cruz se ve moviéndose en la dirección de su extremo largo, es un "ganso" inofensivo. Pero si se ve moviéndose en la dirección de su extremo corto, es un peligroso "halcón" y los patitos corren a refugiarse. En divertidos experimentos, Timbergen engañó a los patitos con figuras de cartón. Pero en su entorno habitual esas percepciones son cruciales para la supervivencia de los patitos.

Figura 9.6. La figura de cartón de Tinbergen. Imagen de Phillip McMurray.

Color Falso y Exageración

La presente línea de pensamiento evolutivo se ve reforzada por el descubrimiento de que la percepción funciona mediante la exageración, en particular cuando las pequeñas diferencias de grado se perciben como drásticas diferencias de especie. Este proceso de contraste radical y falso es el mismo que emplea la ciencia espacial en su observación de otros mundos (y de nuestro propio planeta, para el caso). Tengo en mente el llamado "color falso", en el que a bandas arbitrarias de frecuencias electromagnéticas se les pueden asignar colores arbitrariamente (o más bien, por razones pragmáticas). En la **Figura 9.7** vemos ejemplos de color falso que nos ayudan a determinar de un vistazo patrones de temperaturas globales. También podemos fotografiar regiones contiguas hechas de materiales con tonalidades ligeramente diferentes de marrón y mostrarlas en su lugar con patrones claros de, por ejemplo, púrpura y dorado.

Figura 9.7. El color falso nos ayuda a ver las temperaturas del mundo.
Foto Cortesía de NASA.

La percepción funciona de forma similar: Sin la exageración y el contraste sería muy difícil hacer las distinciones que necesitamos hacer (y hacerlas rápidamente a menudo) para sobrevivir. **Figura 9.8** nos ofrece otro ejemplo del valor del contraste y la exageración. En cierto sentido, podríamos bromear, cuanto más falsa (exagerada) sea la percepción, más probabilidades tendrá de tener éxito.

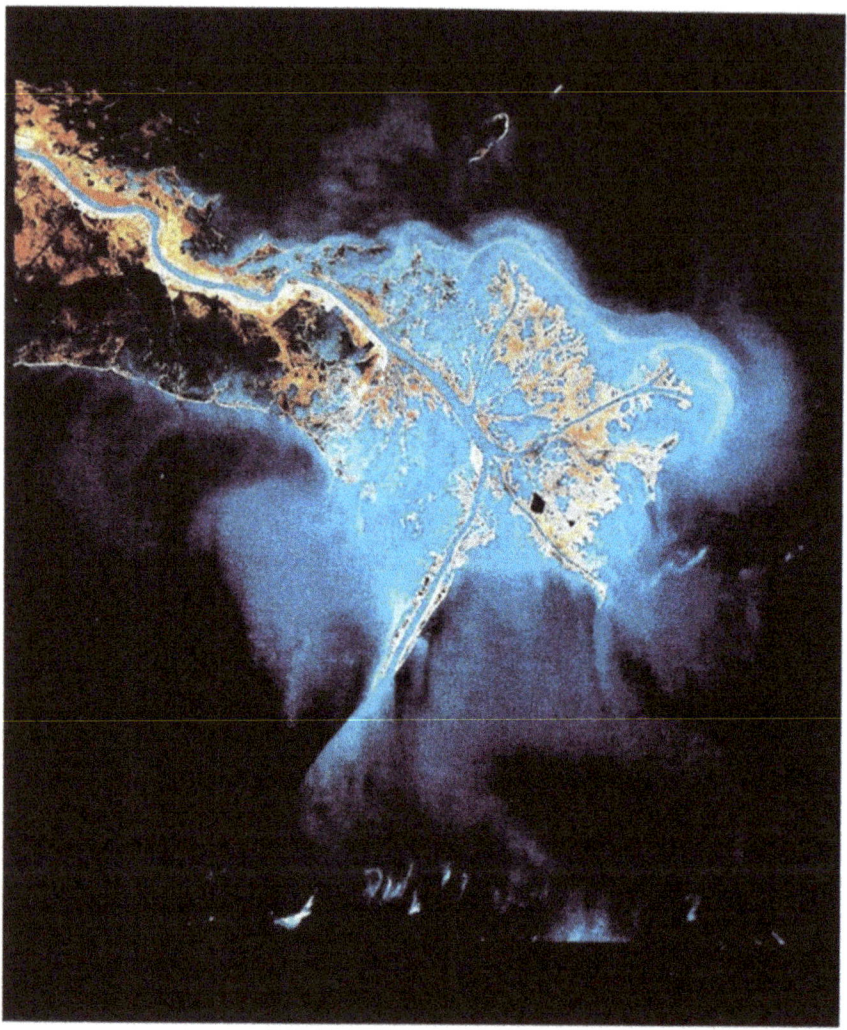

Figura 9.8. Transporte de sedimentos por el río Mississippi hacia el Golfo de México. Imagen del Landsat Thematic Mapper. Cortesía de NASA.

El contraste útil es la clave del éxito perceptivo, no el parecido fiel. En las **Figuras 9.9** y **9.10** vemos imágenes de radar de Venus. En la **Figura 9.9** tenemos una imagen tomada por la nave espacial Magallanes de la NASA en la que nos beneficiamos del contraste proporcionado por el falso color. En la **Figura 9.10** tenemos la misma imagen pero sin color. En las figuras **Figura 9.11** y **Figura 9.12** nos encontramos con otro conjunto contrastado. Gracias al falso color, la **Figura 9.12** revela importantes características tectónicas de la Tierra.

Figura 9.9. Radar de falso color de Venus revelando características de la superficie. Cortesía de NASA.

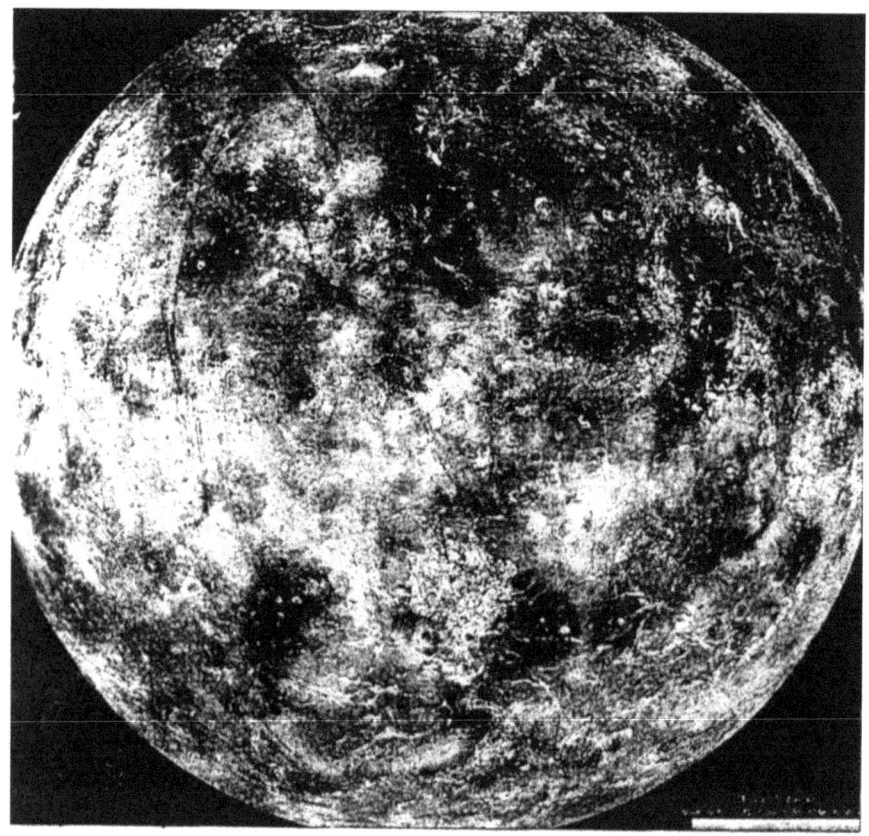

Figura 9.10. Igual que la Fig. 9.9 pero sin falso color. Cortesía de NASA.

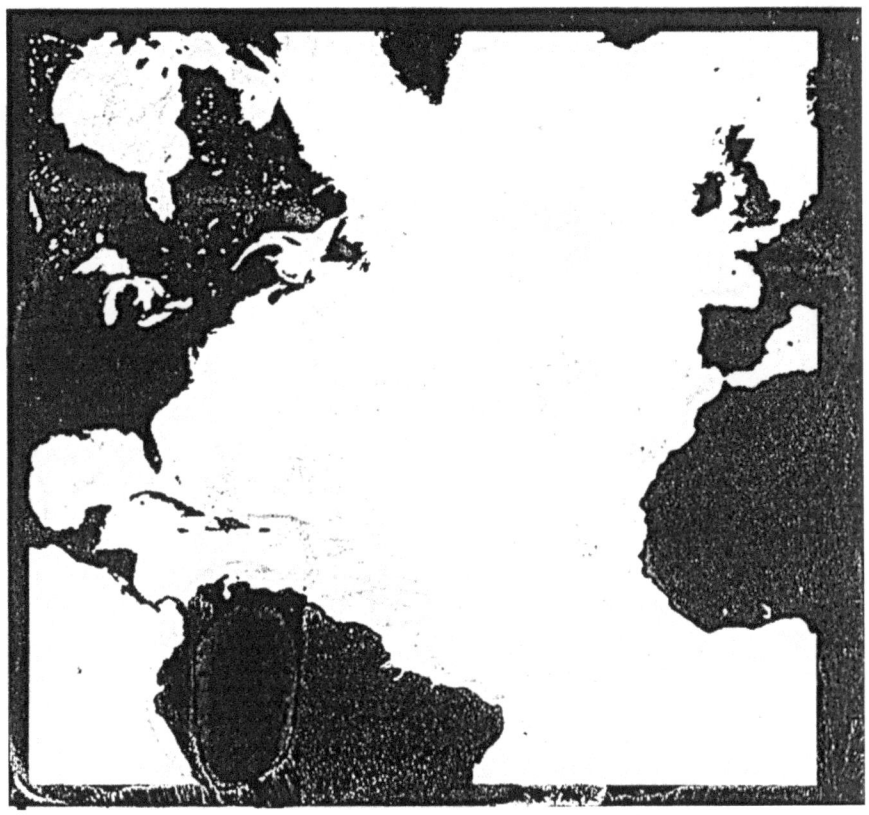

Figura 9.11. Océano Atlántico sin color. Cortesía de NASA.

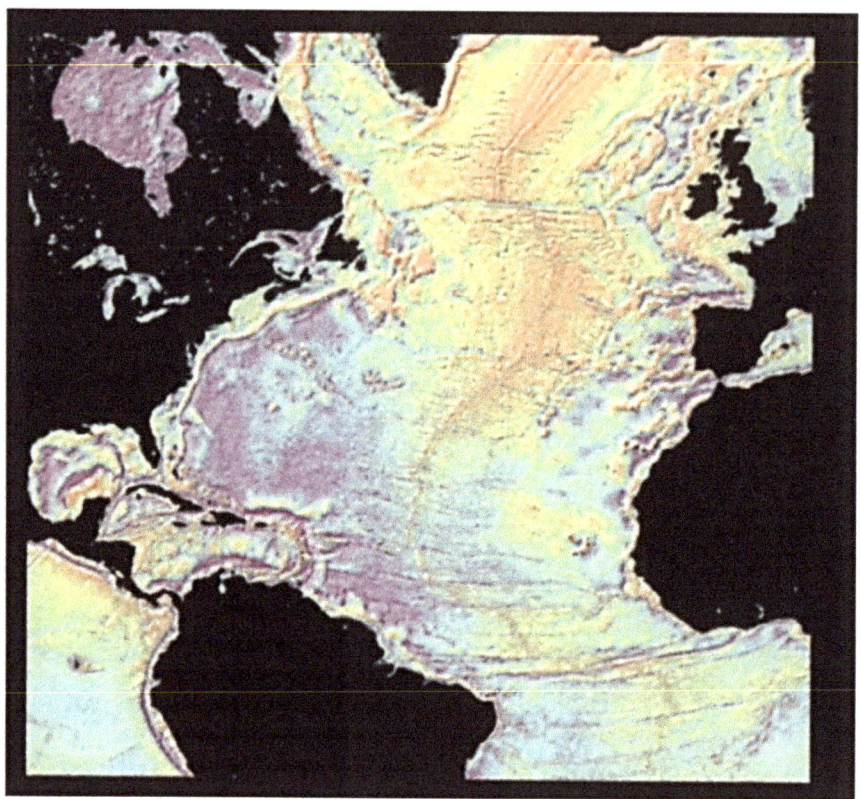

Figura 9.12. Imagen en falso color de importantes rasgos tectónicos del Océano
Atlántico.
Cortesía de NASA.

Así pues, nos vemos abocados de nuevo a la hipótesis razonable de que la
asignación de una experiencia cromática particular a la percepción de objetos
que reflejan la luz de una determinada frecuencia es bastante arbitraria, esta
vez en el sentido de que la visión depende de los fotoquímicos que había
cuando los organismos primitivos empezaron a aprovechar el espectro
cromático. En un lugar diferente que dispusiera de fotoquímicos distintos
cuando surgió la necesidad, el "rojo" bien podría parecerse a quién sabe qué,
incluso cuando la discriminación se hace exactamente sobre la longitud de
onda de nuestro rojo. Desde la perspectiva de la historia natural, de lo que se
trata es de (1) poder utilizar unos compuestos químicos que permitan
discriminar el color de los objetos que son clave para la supervivencia y la
reproducción, y (2) poder experimentarlos de un modo que permita al
organismo discriminarlos.

El Papel de la Memoria y la Emoción en la Percepción

Los innumerables reflejos que golpean nuestra retina pueden ser interpretados por el cerebro de muchas maneras. Quizá el mayor problema al que se enfrenta el cerebro es cómo resolver la ambigüedad o la vaguedad. Pero las resuelve con suficiente frecuencia, de lo contrario el organismo difícilmente podría desenvolverse en el mundo. El cerebro de los mamíferos, en particular, ha evolucionado una estructura apropiada. Como explica Paul Churchland (1995), el núcleo geniculado lateral (LGN), por ejemplo, "proyecta un enorme cable de axones ascendentes hacia su córtex visual. Curiosamente, las neuronas de su córtex visual proyectan diez veces más axones descendentes para establecer conexiones sinápticas dentro del LGN". Como él dice, este patrón está "extendido por todo el cerebro." Los centros "superiores" de la corteza pueden, así, por medio de estos axones descendentes, afectar a la respuesta de las neuronas LGN "inferiores" a los estímulos con información previa, preocupaciones, etc. Lo que esto significa es que los estados previos del cerebro determinan parcialmente su percepción actual, a menudo inclinando la disposición de los patrones de luz que, de otro modo, serían confusos y que inciden en su retina, a favor de una interpretación que se considera significativa sobre la base de la experiencia previa.

La percepción también se ve influida a menudo por consideraciones evolutivas, muchas de las cuales hacen su trabajo en áreas subcorticales. Francis Crick (1984) sugirió que el núcleo reticular talámico desempeña un gran papel en el procesamiento o filtrado de la conciencia perceptiva potencial, una sugerencia reivindicada recientemente. M. Halassa y su equipo (Wimmer et al., 2015) individuaron un complicado circuito neuronal que también incluye los ganglios basales. La mayor parte de la actividad de este circuito relativa a la percepción consiste en la inhibición masiva de las señales entrantes. Además, las señales que se favorecen implican movimiento, tamaño y coloración brillante, así como otras propiedades que serían relevantes para poder sobrevivir o adaptarse al entorno. Por ejemplo, Tadin et al. (2019) hallaron una inhibición de la detección de objetos grandes en favor de la percepción del movimiento de objetos pequeños.

Esta construcción de la percepción a través de la estructura cerebral hace uso de muchas redes neuronales, incluidas las que implican emociones. Las emociones pueden, por supuesto, interferir en la percepción útil, pero también pueden proporcionar la clave para resolver las ambigüedades perceptivas. La razón por la que pueden hacerlo es que nos proporcionan lo que Edelman y Tononi llaman "sistemas de valores". En términos neuronales, de entre varias interpretaciones posibles, las emociones inclinarán el sistema perceptivo hacia aquellas que sean más significativas para, digamos, nuestra supervivencia (de manera que la cara de un tigre destacará de pronto entre la espesura de la jungla). Al igual que la percepción, las emociones también funcionan por exageración, al tender a reaccionar con mucha fuerza ante las diferencias sutiles de las situaciones en las que nos encontramos (Johnston, 2000). Una vez más, la exageración y el contraste, más que la representación "verdadera", son las claves del éxito.

Las emociones nos motivan a la acción. Lo hacen exagerando, tendiendo a reaccionar con mucha fuerza ante diferencias sutiles en las situaciones en las que nos encontramos. En esto, el cerebro nos adapta al mundo como lo hace con la percepción. Sin embargo, los sabios nos aconsejan dejar que la razón prevalezca sobre la emoción. Para evitar la interferencia de la emoción, nos instan a deliberar con la cabeza fría y lógica. Uno de los ejemplos más populares del hombre racional fue un extraterrestre de ficción: el Sr. Spock, en la serie de televisión "Star Trek", cuyo control sobre sus emociones era realmente extraordinario.

Sin embargo, la neurociencia sugiere que el Sr. Spock no habría sido un oficial de nave estelar muy eficaz. Antonio Damasio, en su *Error de Descartes* (1994), describe cómo algunos pacientes con graves daños en el lóbulo frontal obtienen buenos resultados en los tests de inteligencia pero son incapaces de funcionar correctamente: Se vuelven incapaces de tomar decisiones prácticas en el trabajo y en su vida personal. Parece que sus engranajes de pensamiento dan vueltas sin sentido, que razonan sin un contexto adecuado y no pueden llevar su pensamiento a una decisión para actuar. La explicación parece ser que el daño en su lóbulo frontal afecta a la interfaz entre emoción y razonamiento. El resultado es que su razonamiento no está guiado por la emoción, y en particular por la emoción de base biológica, que ya no influye en el peso que esos pacientes dan a sus deliberaciones. Desprovistos de un sentido de la relevancia, sus razonamientos vagan sin rumbo.

La conclusión razonable es que la emoción desempeña un papel en el razonamiento eficaz, al menos cuando se trata del razonamiento práctico. Investigadores como Joseph LeDoux (1998) están forjando una mejor comprensión de ese papel tanto a nivel neuropsicológico como evolutivo. El trabajo de LeDoux muestra, por ejemplo, que la amígdala es crucial para la respuesta de miedo en reptiles, aves y mamíferos, aunque sus respuestas en sí mismas sean a menudo únicas para cada especie, y que las entradas (p. ej., ruidos sobresaltantes) que provocan la respuesta de miedo serán efectivas incluso en ausencia de un conocimiento consciente. Dado que la inteligencia se ve, pues, afectada por la emoción, una comprensión fructífera de la inteligencia tendrá que depender de un aspecto del cerebro que funciona, en parte, por exageración y contraste. Y no hay ninguna razón, al igual que con la percepción, por la que sólo ciertos tipos de emoción puedan surgir en todas las líneas evolutivas. Es el mismo elemento arbitrario que encontramos en la percepción.

La cuestión que sigue pendiente es si a un nivel más profundo la inteligencia corrige hacia la "verdad" las desviaciones a las que la someten la percepción y la emoción. Después de todo, en este capítulo me he referido a menudo a hallazgos científicos para dar credibilidad a las conexiones entre la evolución y la experiencia sensorial de un organismo sobre su entorno. Como veremos en el próximo capítulo, existen conexiones similares entre la evolución y la concepción que una especie tiene de su universo.

REFERENCIAS

Barnes, E. C. (2002). "The Miraculous Choice Argument for Realism." *Philosophical Studies*, 111(2): 97–120; doi:10.1023/A:1021204812809

Blackmore, S. (2002). *Consciousness*. Oxford University Press.

Bohr, N. (1970). "Can Quantum Mechanical Description be Complete?" En Toulmin, S., Ed., *Physical Reality*. Harper & Row.

Bohr, N. (1982). "Discussion with Einstein." En Schilpp, P., ed. *Albert Einstein: Philosopher Scientist*. Open Court.

Bohr, N. (1987). "The Quantum Postulate and the Recent Development of Atomic Theory." En *The Philosophical writings of Neil's Bohr*, Ox Bow.

Boyd, Richard (1992). "On the Current Status of Scientific Realism," En Boyd, et al, eds., *The Philosophy of Science*, MIT Press.

Brown, J. R. (1982). "The Miracle of Science." *Philosophical Quarterly*, 32(128).

Busch, J. (2008). "No New Miracles, Same Old Tricks." *Theoria*, 74(2).

Churchland, P. (1996). *The Engine of Reason, the Seat of the Soul*. MIT Press.

Crick, F. y Koch, C. (2003). "A framework for consciousness." *Nature Neuroscience*, 6(2), 119 126.

Damasio, A. (1994). *Descartes' Error*. Putnam.

Dellsén, F. (2016). "Explanatory Rivals and the Ultimate Argument." *Theoria*, 82(3).

Edelman, G. y Tononi, G. (2000). *A Universe of Consciousness*. Basic Books.

Frost-Arnold, G. (2010). "The No-Miracles Argument for Realism: Inference to an Unacceptable Explanation." *Philosophy of Science*, 77(1).

Galileo. (1989). *The Assayer*. En Michael R. Matthews, ed. *The Scientific Background to Modern Philosophy*. Hackett. Primera publicación en 1623.

Hoffman, D. (1998). *Visual Intelligence*. W.W. Norton.

Johnston, V. S. (1999). *Why We Feel*. Perseus Books.

Kanizsa, G. (1976). "Subjective Contours." *Scientific American*, 234(4).

Koch, C. (2004). *The Quest for Consciousness*. Roberts & Co.

LeDoux, J. (1996). *The Emotional Brain*. Simon & Schuster.

Lipton, P. (1994). "Truth, Existence, and the Best Explanation." En Derksen, A. A., ed. *The Scientific Realism of Rom Harré*. Tilburg University Press.

Lyons, T. D. (2003). "Explaining the Success of a Scientific Theory." *Philosophy of Science*, 70(5).

Munévar, G. (1981). *Radical Knowledge*. Hackett.

Munévar, G. (1998). *Evolution and the Naked Truth*. Ashgate.

Popper, K. (1972). *Objective Knowledge*. Cambridge University Press.

Psillos, S. (1999). *Scientific Realism: How Science Tracks Truth*. Routledge.

Putnam, H. (1975). *Mathematics, Matter and Method*. Cambridge University Press.

Tadin, D., Park, W.J., Dieter, K.C., Melnick, M.D., Lappin, J.S. y Blake, R. (2019) "Spatial Suppression Promotes Rapid Figure-Ground Segmentation of Moving Objects."*Nature Communications*, 10:2732.

Wimmer, R.D., Schmitt, L.I., Davidson, T.J., Nakajima, M., Deisseroth, K., y Halassa, M.M. (2015). "Thalamic Control of Sensory Selection in Divided Attention." *Nature* 526, 705-709.

CAPÍTULO 10
FORMAS ALTERNATIVAS
DE PERCIBIR EL UNIVERSO

OTRAS HISTORIAS NATURALES POSIBLES

La biología evolutiva trata el realismo de forma aún más poco amable que la historia, por razones que en cierta medida se asemejan a la epistemología de Bohr. El equipamiento perceptivo y conceptual más básico de los organismos depende, al menos en parte, de su biología. La percepción que una ameba tiene de su entorno depende de una interacción entre su biología y ese entorno. Las percepciones de un ave dependen de un sistema nervioso central que es el resultado de dos tipos de historias: la historia de sus propios antepasados cuando se enfrentaron a una larga secuencia de entornos, y su propia historia individual que afinó su sistema nervioso central. Nuestros modos de pensamiento también dependen en gran medida de nuestros cerebros: Las personas con estructuras cerebrales inusuales conciben el mundo de forma diferente a la mayoría de nosotros, como podemos apreciar fácilmente, por ejemplo, en la investigación de Judith Ford sobre la neurociencia de la esquizofrenia (Whitford et al., 2012). Pero en los cerebros de otras especies, las estructuras salvajemente diferentes de las nuestras podrían ser ventajosas.

Un murciélago inteligente que nunca hubiera visto pájaros o insectos voladores puede pensar que su método de vuelo es *la* forma de volar, la gloria suprema de la naturaleza. Pero una experiencia más amplia – conocer halcones y abejas melíferas, y leer *El Origen de las Especies* de Bat Darwin – pronto le convence de que la historia natural no sólo podría, sino que ha producido métodos alternativos de vuelo que son igualmente "buenos" (en términos de permitir a las especies correspondientes adaptarse a sus entornos).

El mismo murciélago inteligente también podría haber pensado que su forma de pensar sobre el mundo era la forma *de* pensar sobre el mundo, hasta que su nueva sabiduría relativa a los diferentes modos de vuelo le indica la posibilidad de que existan diferentes modos de pensamiento. La posibilidad, es decir, de que puedan existir cerebros con estructuras tan diferentes de las suyas como su mecanismo de vuelo lo es de los de las aves y los insectos, pero que sin embargo puedan servir a esas otras especies tan bien como su tipo de cerebro sirve a la suya.

Nuestro inteligente murciélago puede darse cuenta entonces de que su forma de "ver el mundo", su ciencia empírica, aunque sea la mejor que puedan producir los esfuerzos colectivos de la especie de los murciélagos, puede no tener más éxito que las posibles "mejores" ciencias empíricas que puedan desarrollar esas otras especies. Y entonces le asalta un pensamiento funesto: Se suponía que su ciencia, en el mejor de los casos, "representaba" el mundo tal y como era en realidad; es de suponer que por eso tuvo tanto éxito. Pero la verdad de tal representación del mundo dependía de que fuera una representación *única*. Había imaginado que cualquier visión alternativa que pudiera considerarse verdadera no era una alternativa verdadera sino una representación *equivalente* (lógica, conceptual o teóricamente, en algunos casos también matemáticamente, equivalente). Sin embargo, se da cuenta de que pueden existir visiones del mundo basadas en marcos de referencia biológicos diferentes que sean tan buenas como la suya aunque fundamentalmente diferentes de la suya, como era el caso de los modos de volar de los pájaros y los insectos.

OTROS SENTIDOS

Consideremos cómo puede producirse la situación descrita. En primer lugar, incluso en este planeta muchos animales tienen sentidos muy diferentes a los nuestros. La polilla luna, por ejemplo, ve en el ultravioleta. A los ojos humanos, las polillas macho y hembra se parecen bastante. Pero las propias polillas detectan unos patrones muy vivos que las distinguen.

Otros animales perciben el mundo a través de sentidos aún más drásticamente diferentes: las víboras detectan el calor, los murciélagos navegan con un sonar y las principales interacciones de algunos peces con el mundo se basan en los campos eléctricos. Los electrorreceptores son especialmente interesantes. Funcionan analizando las distorsiones de las ondas o impulsos eléctricos de retorno que envía el pez. El pez necesita un sistema sofisticado para distinguir sus propias señales de retorno de las emitidas por otros peces, en particular miembros de su propia especie, ya que estos últimos podrían ser rivales o posibles parejas. Rituales sociales y de cortejo enteros dependen de la manipulación adecuada de los campos (p. ej., rechazarlos en presencia de un pez amigo). El mundo les parece muy diferente de lo que nos parece a nosotros. Nosotros dependemos, por ejemplo, de la percepción de las superficies que reflejan la luz, lo que para el pez puede no ser una consideración importante (esas superficies pueden ser transparentes para el electrorreceptor), mientras que los cambios de humor que se delatan al cambiar los campos eléctricos sí pueden serlo.

La lección importante, para mis propósitos en este capítulo, es que es probable que esos sentidos diferentes requieran estructuras cerebrales diferentes. A medida que la inteligencia se desarrolla, sigue los caminos que le abren las estructuras con las que el animal interpreta el mundo, incluido su mundo social, y que el animal utiliza para enfrentarse a ese mundo. No se trata de una mera cuestión teórica. Podemos ver esa diferencia de estructura en la **Figura 10.1** (cerebro de pez estándar) y la **Figura 10.2** (cerebro de pez que percibe utilizando campos eléctricos), inspiradas en *Sensory Exotica*, una obra muy interesante de Howard C. Hughes (1999). Observe en particular la clara segregación entre células de relevo y células marcapasos en la **Figura 10.2**. Vemos un tipo diferente de cerebro. Una criatura inteligente cuya principal modalidad sensorial sea eléctrica y no visual tendría patrones de pensamiento completamente ajenos a nosotros.

Las cosas se ven aún peor para nuestro murciélago cuando reflexiona sobre las contingencias de la historia social de la ciencia de los murciélagos, contingencias que magnifican enormemente las conclusiones relativistas que ya le preocupan, pues se plantea la posibilidad de que incluso dentro de los confines de la ciencia de los murciélagos se podrían haber seguido varias direcciones con éxito. Es más propio, pues, pensar en los marcos de referencia como biológico-históricos, aunque las lecciones epistemológicas puedan extraerse del relato simplificado (es decir, principalmente biológico).

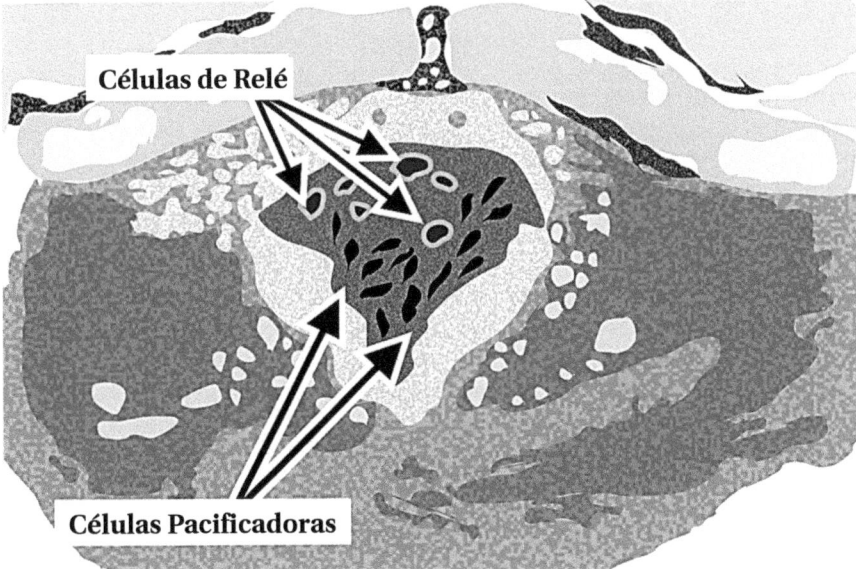

Figura 10.1. En muchos cerebros las células de relevo y las células marcapasos se encuentran en la misma región. Ilustración de Leonardo Falaschini.

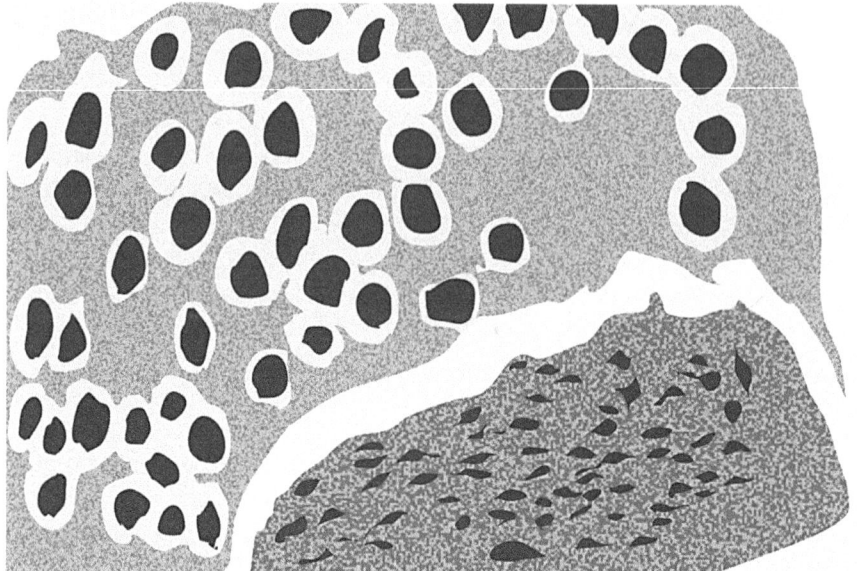

Figura 10.2. Los peces cuyo sentido principal depende de los campos eléctricos tienen cerebros con una clara separación entre las células de relevo y las células marcapasos. Ilustración de Leonardo Falaschini.

RELATIVISMO

La consecuencia más alarmante de toda esta línea de razonamiento es que el realismo está equivocado: la ciencia no nos da la verdad absoluta, ni se aproxima a la verdad absoluta, ni puede aspirar a aproximarse a la verdad absoluta.

Antes de analizar esta consecuencia con más detalle, merece la pena comentar dos aspectos del argumento. Lo que establece la línea de razonamiento de nuestro murciélago no es que *todos* los marcos de referencia (perceptivos y conceptuales) sean igual de buenos, sino que, independientemente de lo bueno que sea un marco, puede haber otros que sean igual de buenos. Dado esto, sería arbitrario decir de cualquier marco que nos da *la forma en que el mundo es realmente*. Si resulta que, de hecho, sólo hay un marco que sea bueno, seguimos sin poder decir que su visión del mundo es la forma correcta de ver el mundo, ya que es un mero accidente que la historia natural no haya dado lugar a marcos diferentes, pero igualmente buenos. Para que la visión del murciélago capte la forma en que el mundo es realmente, el propio mundo debe cooperar siendo de una forma y no de muchas. Pero hemos visto que muchas formas no equivalentes podrían representar "el mundo." Surge, pues, la sospecha de que aquí no hay una verdad de la materia que representar, ya que no puede haber una representación única del mundo. Este último punto se ve reforzado por la constatación de que la dificultad no se debe a la falta de información. Pues no hay ninguna información nueva que añadida a cualquier punto de vista pueda convertirlo en la representación única del mundo. Y cuando todos los puntos de vista posibles no consiguen representar "el mundo" correctamente, parece que nos enfrentamos a un dilema: o bien el mundo es irrepresentable, o bien la expresión "el mundo" es una mera conveniencia: no hay verdad en ello.

De nuevo, el primer cuerno del dilema, que el mundo es irrepresentable, no significa que el mundo no pueda representarse en absoluto, sino que no puede representarse "correcta" o "verazmente", al menos mientras entendamos tales términos en su sentido absolutista. No obstante, muchos filósofos de la ciencia se aferrarán a sus instintos realistas. Pueden argumentar, por ejemplo, que el caso de los diferentes modos de pensamiento no es como el caso de los diferentes modos de vuelo. Por muy sugerente que sea la analogía, pueden decir, no descarta el principio de que los mejores marcos resultarán ser equivalentes o, más sutilmente, que el trabajo del científico-filósofo, como diría Clifford Hooker (1991), consiste en descubrir las invariantes entre esos marcos. Al fin y al cabo, su propio éxito, y el hecho de que tengan más o menos el mismo éxito (aunque cada uno lo tenga a su manera), pide a gritos una explicación. ¿Qué otra explicación puede haber, sino que todos ellos han captado algunos rasgos omnipresentes del mundo?

Esta respuesta puede considerarse insatisfactoria a varios niveles. Para empezar por la presunta necesidad de una explicación, el valor de un marco está en función de su rendimiento (o rendimiento potencial), pero que dos marcos pueden ser igual de buenos a este respecto sin estar de acuerdo en el contenido. Los inicios de la ciencia humana nos ofrecen un buen ejemplo a este respecto. Como hemos visto, el universo de dos esferas de los griegos condujo a un avance extraordinario en la tecnología de la navegación que los marineros han conservado hasta nuestros días. Es decir, en el ámbito de la navegación el rendimiento del modelo griego era tan bueno como el de las cosmologías newtonianas. Pero el modelo griego situaba una Tierra inmóvil en el centro del universo, dos creencias clave negadas por las cosmologías newtonianas. No es nada obvio, por tanto, que el solapamiento en el éxito deba explicarse por el solapamiento en el contenido, por la "verdad" que las dos visiones tienen en común. Como veremos a continuación, es más bien el éxito el que explica la verdad.

En segundo lugar, el realista puede, no obstante, querer hacer recaer sobre mí la carga del argumento. ¿Cómo puedo descartar una teoría potencial de invariantes entre las ciencias desarrolladas dentro de marcos de referencia biológicos diferentes? Ahora, con la indulgencia del lector, me gustaría incluir una nota personal en este punto. Esta fue precisamente la objeción que Paul Feyerabend me escribió en una postal cuando yo estaba en mi último año de doctorado. Carl Hempel estaba de visita en Berkeley ese año, y yo era su ayudante de cátedra mientras Feyerabend estaba de viaje. Había encontrado la postal en mi buzón justo antes de una de las conferencias de Hempel y no pude resistirme a leerla durante la magnífica presentación de Hempel. Tampoco pude resistirme a escribir mi respuesta en los márgenes de la postal (que amplié en el Cap. 3 de mi *Conocimiento Radical* y en publicaciones posteriores, sobre todo en 1998). a respuesta es esencialmente la siguiente: Tal teoría de las invariantes sería posible, si acaso, dentro de un marco de referencia cognitivo (biológico). Podría haber, por tanto, otras teorías de las invariantes, bastante diferentes, desarrolladas dentro de marcos de referencia cognitivos (biológicos) alternativos. Una metateoría de las invariantes correría la misma suerte, al igual que una metateoría, y así sucesivamente....

En tercer lugar, el realista parece no haber entendido nada. Si el razonamiento del murciélago es correcto, son posibles marcos alternativos basados en estructuras cerebrales significativamente diferentes que, sin embargo, pueden permitir a la especie en cuestión rendir no menos. No se trata de una mera posibilidad lógica: se deduce directamente de considerar cómo la historia natural construye marcos perceptivos y conceptuales. Negar este punto es asumir que la biología evolutiva es incorrecta o irrelevante, difícilmente la táctica que cabría esperar de un realista que adopta un enfoque científico de la epistemología.

COMPLEMENTARIEDAD

Volvamos a la discusión del Cap. 9 sobre la noción de complementariedad de Niels Bohr: En el nivel subatómico existen fenómenos mutuamente excluyentes (ondas y partículas) que, por separado, aportan información importante sobre el mundo y, en este sentido, se *complementan*. Recordemos la imagen en la que vemos tres versiones del experimento de la rendija doble. En la imagen (a) observamos que cuando una de las dos rendijas está abierta, una campana de proyección aparecerá en la pantalla detrás de ella. Si ambas rendijas están abiertas, apreciaremos dos campanas en perfecta yuxtaposición de los resultados de una sola rendija. En la imagen (b) observamos que cuando las ondas de agua pasan por una sola rendija obtenemos una distribución de campana única, pero cuando las dos rendijas están abiertas obtenemos en cambio un patrón de interferencia. En (c), ya sea con fotones o con electrones, los resultados son los mismos que con el agua. Los resultados en (c) muestran que cuando ajustamos el aparato experimental para obtener una respuesta de partícula (una sola rendija abierta), conseguimos que el electrón o el fotón se comporten como una partícula. Pero cuando tenemos dos rendijas abiertas obtenemos entonces una respuesta de onda.

El tipo de respuesta que obtenemos depende de cómo interactúe el montaje experimental con el mundo: las interacciones de partículas dan partículas; las interacciones de ondas dan ondas. Pero ninguna de las dos interacciones es de algún modo la interacción preferida, y por tanto ni la respuesta de partículas ni la de ondas tiene precedencia sobre la otra, ninguna es más "real" o "verdadera". Aunque cada configuración experimental excluye a la otra, y por tanto obtener una respuesta excluye los medios para obtener la otra, cada una es válida en su propio contexto y proporciona información sobre el mundo que la otra no proporciona.

Las disposiciones esqueléticas y de otro tipo que permiten volar al murciélago son incompatibles con las que permiten volar a las aves y los insectos. Del mismo modo, algunas estructuras cerebrales permiten ciertos modos de pensamiento mientras que descartan otros. Por supuesto, los humanos o los murciélagos cuyas estructuras cerebrales varían significativamente de las del resto de su especie pueden tener una dificultad extrema para intentar desenvolverse en el mundo. Son desviados. Pero en otra especie esas estructuras, o incluso otras más inusuales, pueden encajar muy bien con las demás características de la especie y ser así extremadamente adaptativas y exitosas– del mismo modo que estructuras esqueléticas o modos de respiración que serían grandes desventajas, si no directamente letales, en los humanos pueden muy bien ser extremadamente adaptativos en aves o peces. Las visiones del "mundo" producidas por diferentes marcos pueden ser así *complementarias* en un sentido parecido al de Bohr. Es posible entonces producir información en un marco que no sea lógica, conceptual, teórica o matemáticamente equivalente a la producida en otro, aunque presumiblemente sea sobre el mismo aspecto de la "realidad" (son "equivalentes" sólo cuando esa palabra se entiende como sinónimo de "análogo", que no es el sentido relevante aquí). Como señaló Bohr, las descripciones de onda y de partícula no son *equivalentes* en ningún sentido relevante. Así pues, puede darse una situación análoga (como en la física cuántica) entre descripciones del "mundo" producidas en marcos de referencia mutuamente excluyentes.

Conviene subrayar que no hay nada común a las ondas y a las partículas que debamos descubrir para proporcionar una descripción más completa del reino subatómico. Por tanto, no nos falta ninguna información: No llegar a la "realidad" es consecuencia de la complementariedad, no de la ignorancia por nuestra parte. Mi sugerencia es, como es lógico, que puesto que se dan condiciones análogas en el caso de los distintos marcos conceptuales, deberíamos llegar al mismo tipo de conclusión: Nuestra forma de hablar de la realidad está fuera de lugar: no hay ninguna verdad al respecto "ahí fuera."

DESARROLLO CEREBRAL

En el libro *Birth of the Mind* (2004), Gary Marcus explica cómo relativamente pocos genes (unos 25.000) pueden crear un organismo tan complejo como el nuestro, con billones de células. Un número menor "fabrica" el cerebro. Ese cerebro humano que vemos en la **Figura 9.3** es, por supuesto, un cerebro de mamífero, y como tal tiene mucho en común con el cerebro de otros mamíferos. Los estados conscientes, por cierto, también entran en el ámbito de la evolución y la neurociencia. Para mi propia teoría de cómo el cerebro crea tales estados, puede consultar Munévar (2020).

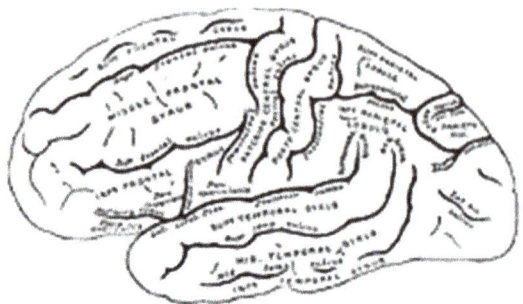

Principales giros y surcos en la superficie lateral de la corteza

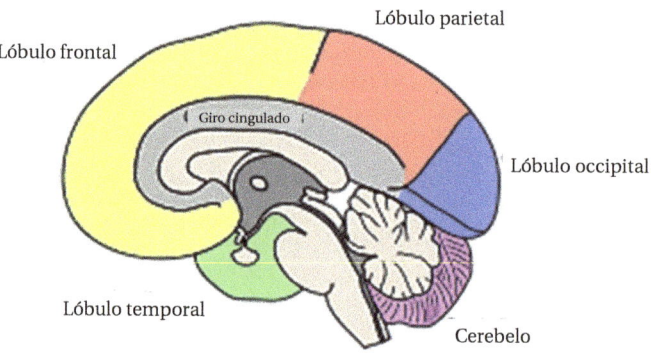

Lóbulos cerebrales

Figura 10.3. El cerebro humano. Imagen superior de dominio público. Imagen inferior por NEUROtiker CC BY-SA 3.0.

No todos los cerebros son iguales. Algunos son mejores que otros en algunas tareas, dependiendo, por supuesto, de qué estructuras tengan y de cómo funcionen esas estructuras por sí solas y en concierto con otras estructuras cerebrales. ¿Cómo se forman esas estructuras? De diversas maneras. Mientras aún están en el útero materno, por ejemplo, las neuronas crecen en el nuevo cerebro guiadas por sus conos de crecimiento, que son atraídos por ciertas sustancias químicas y se mueven en la dirección de la señal más fuerte. Una ligera diferencia en los genes puede alterar el equilibrio de esas sustancias químicas en el nuevo cerebro y, por tanto, las estructuras resultantes. En la **Figura 10.4**, vemos cómo el área V1 (un área visual de la corteza occipital) está considerablemente acentuada en un animal para el que las apreciaciones rápidas y agudas de las estructuras tridimensionales son aspectos cruciales de su entorno (el zorro volador) y no tan desarrollada en el ratón. Existe cierto solapamiento de estructuras en estos casos, pero podemos imaginar fácilmente que, dado que las estructuras perceptivas dominan el cerebro en gran medida, afectan a la función general del cerebro. También ocurre que, en el desarrollo del cerebro, acentuar una estructura (o función) significa hacer una elección a expensas de otras. Además, como la selección natural moldea lentamente la evolución del cerebro, un cambio en el énfasis, que conlleva un cambio en las estructuras, proporciona un contexto diferente, un nicho diferente. Y dado un contexto evolutivo diferente, es más probable que surjan otras estructuras nuevas, creando diferencias aún mayores. Por ejemplo, cuando un organismo adquiere la capacidad de reaccionar ante pequeñas cantidades de sustancias químicas en la atmósfera o los océanos (el olfato), entonces varias estructuras nuevas se verán favorecidas sobre otras (neuronas para transportar la información, conexiones para combinarla con el sentido del gusto, otras para sincronizarla con un sentido interno de la posición, otras más para permitir al organismo actuar sobre la percepción de esas sustancias químicas con rapidez, etc.).

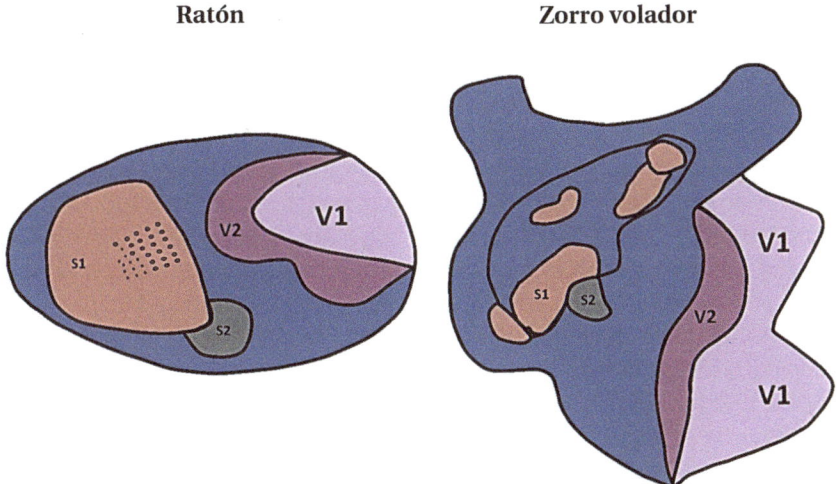

Figura 10.4. V1 en el cerebro el zorro volador y el ratón.
Dibujo cortesía de Ruoyu Huang.

Complementariedad y Relatividad

Hacer las cosas de una manera, entonces, empieza a excluir hacerlas de otra manera. A distancias filogenéticas adecuadas, por ejemplo, entre los humanos y los peces eléctricos, los cerebros tienen varias estructuras y funciones incompatibles. A distancias evolutivas aún mayores, un tipo de inteligencia será mutuamente excluyente con ciertas otras. Por tanto, sus enfoques resultantes a la hora de tratar con el mundo también serán mutuamente excluyentes (incluso experimentamos eso dentro de nuestra propia especie: Interpretar una situación en términos de ondas excluye interpretarla en términos de partículas). Pero ambos pueden aportar información igualmente fructífera sobre el mundo. Por tanto, son "complementarias" en un sentido parecido al de Bohr.

Ni las relaciones de incertidumbre ni la noción de complementario se deben a la ignorancia por nuestra parte. Estas son precisamente las condiciones descritas anteriormente, condiciones que llevaron a la conclusión de que, puesto que los objetos "reales" no podían comportarse de esta manera, no deberíamos hablar de "realidad" en el mundo subatómico. Mi sugerencia es, como es lógico, que puesto que se dan condiciones análogas en el caso de los distintos marcos conceptuales, deberíamos llegar al mismo tipo de conclusión: Hablar de realidad está fuera de lugar: no hay verdad sobre el asunto "ahí fuera."

Este es el punto de vista al que llegué hace muchos años como resultado de mi intento fallido de desarrollar una epistemología interaccionista en la línea del realismo científico de Popper. Fue Paul Feyerabend quien primero llamó mi atención sobre la similitud entre mi relativismo evolutivo y la posición epistemológica de Bohr respecto a la mecánica cuántica, una posición que yo no había apreciado plenamente hasta entonces. No pretendo sugerir, sin embargo, que la epistemología de Bohr sea en conjunto similar a la mía. Los puntos de vista suyos que yo favorezco fueron claramente confinados por él a la descripción del comportamiento de los objetos atómicos, y muy bien podría haber mirado con antipatía una generalización de esos puntos de vista a todo el campo del conocimiento empírico. Sí intentó extrapolar el concepto de complementariedad a algunas otras áreas de la experiencia, sin mucha aceptación en ninguna parte. La diferencia significativa, me parece, es que el principio de complementariedad tenía un sentido eminente allí donde la noción clásica de realidad resultaba insuficiente para los fenómenos cuánticos. En la visión filosófica que propongo, la noción clásica de realidad se encuentra deficiente incluso para los fenómenos macroscópicos. Esta constatación requiere una cierta reflexión, y en esa reflexión un análogo del principio de complementariedad de Bohr nos ayuda a comprender la posibilidad de marcos igualmente dignos y sin embargo no equivalentes.

Me parece que la razón principal por la que la opinión de Bohr resultó tan contraintuitiva fue precisamente que el realismo científico estaba profundamente arraigado en nuestra epistemología general y los científicos (y los filósofos) se resistían a hacer una excepción en el ámbito de lo muy pequeño. Como argumentó Einstein (1982), nadie se siente inclinado a renunciar al programa del realismo científico en el ámbito "acroscópico", pero, como él mismo dijo, "lo 'macroscópico' y lo 'microscópico' están tan interrelacionados que parece impracticable renunciar a este programa sólo en lo 'microscópico'." Sin embargo, si resulta que por razones independientes debemos renunciar al programa del realismo científico en el ámbito "macroscópico" después de todo, y renunciar a él en favor de una epistemología congenial con la opinión de Bohr sobre la mecánica cuántica, entonces parece que la epistemología de Bohr acaba pareciendo muy sensata de hecho.

Irónicamente, el razonamiento que he empleado es análogo al utilizado por Einstein en relación con algunas consecuencias conceptuales importantes de su Teoría Especial de la Relatividad. En el relativismo evolutivo podemos demostrar que (a) nuestras percepciones y conceptualizaciones del mundo son relativas a un marco de referencia biológico (o mejor dicho, a un marco de referencia biológico-social). Y (b) también podemos demostrar que no existe un marco preferido. Del mismo modo, en la Teoría Especial de la Relatividad, (a) la masa, la longitud y el tiempo están relativizados a un marco de referencia inercial, y (b) no existe un marco de referencia inercial preferido. Del cumplimiento de estas dos condiciones, (a) y (b), concluimos que la masa, la longitud y el tiempo son propiedades relativas y, por tanto, no pueden tener valores absolutos. Confío en haber utilizado el mismo modo de razonamiento para establecer el relativismo de la percepción, la inteligencia y la ciencia.

OBJECTIONES TRADICIONALES CONTRA EL RELATIVISMO

Sin embargo, se preguntará el lector, ¿no demostró Platón que el relativismo es incoherente? Y, en los últimos 2.300 años, ¿no han añadido los filósofos nuevas demostraciones en el mismo sentido? No es así. La "demostración" de Platón se basa en un error lógico muy grave: que la negación de la verdad absoluta compromete al relativista con la afirmación de que todos los puntos de vista son igualmente válidos. De esta premisa se deduce que el absolutismo también es válido. Pero el absolutismo implica que el relativismo es falso. Por lo tanto, el relativismo es a la vez válido e inválido. Y esto, claramente, es incoherente. Ahora bien, Platón fue un gran filósofo, pero su desatino lógico no es menor por ello. La negación de la afirmación de que sólo puede haber una visión verdadera del mundo no implica que todos los puntos de vista sean igualmente válidos: Sólo implica que puede haber más de uno. Eso es exactamente lo que dice el relativismo evolutivo: que varios puntos de vista *pueden* ser igualmente válidos.

En cuanto a las otras "demostraciones" bien consideradas contra el relativismo, me temo que también se basan en errores lógicos. Por ejemplo, un argumento favorito de los filósofos es que un relativista tiene que aceptar al menos una verdad: que el relativismo es un punto de vista verdadero. Esos filósofos concluyen entonces que en el metanivel el relativismo tiene que basarse en una verdad absoluta. Así, el absolutismo triunfa al final. Pero éste es un argumento falaz, un caso de petitio principi. Cuando se pone en duda la verdad absoluta, ¡los filósofos exigen que no se tome en serio ninguna alternativa a menos que se ofrezca como verdad absoluta!

Según otros, el relativismo implica que el universo no existiría sin observadores. Si la forma en que es el mundo, la realidad, se relativiza a un marco de referencia conceptual, estamos atando la existencia del mundo a un marco de referencia. Pero seguramente, como dice Tuomela (1985), argumentando a favor del realismo, "...al menos algunos objetos reales pueden existir en el mundo incluso si...toda la humanidad es destruida e incluso si nunca hubiera habido seres humanos." Objeciones de este tipo son a veces discutidas por físicos preocupados por las implicaciones relativistas de la teoría cuántica. El universo debe ser independiente de cualquier marco de referencia. Si no lo fuera, entonces no empezaría a existir hasta que pudiera ser descrito dentro del punto de vista de algún observador u otro (presumiblemente el tipo de cosa a la que me refiero cuando hablo de describir el universo dentro de un marco de referencia), y dejaría de existir cuando ya no hubiera observadores para describirlo. Evidentemente, esta línea de pensamiento reduce el relativismo al absurdo. Pero esta objeción pasa por alto el sentido del relativismo evolutivo. Los marcos de referencia en cuestión no tienen por qué ser marcos reales. El relativismo sólo requiere marcos de referencia potenciales; por tanto, la objeción no es aplicable. Me gustaría explicar el punto mediante una analogía con la teoría especial de la relatividad una vez más. La objeción equivalente, con respecto a la masa absoluta, real, sería algo así: usted dice que la masa es relativa a un marco de referencia; ¿debemos concluir que si no hubiera nadie para medir la masa, los objetos no tendrían masa? Por supuesto que no sería así. Los marcos de referencia, o de medición, en cuestión pueden ser todos potenciales.

UNA NUEVA TEORÍA DE LA VERDAD

Para revisar lo que se ha sugerido hasta ahora, podemos considerar las Figuras 10.5 y 10.6. En la **Figura 10.5** Figura 10.5 vemos dos percepciones diferentes del mundo por parte del Hombrecito Verde y de un miembro de otra especie, el Hombre Papaya. El Hombrecito Verde ve el mundo como puntos, mientras que el Hombre Papaya lo ve como bordes (dibujados encima de donde estarían los puntos del Hombrecito Verde). Dados estos mecanismos perceptivos, ¿qué tipo de inteligencia generarán sus cerebros para actuar en concierto con ellos? Imaginemos que la mejor manera de dar cuenta de la experiencia perceptiva del Hombrecito Verde es proporcionar una cuadrícula para seguir la pista de los puntos perceptivos, como se ilustra en la **Figura 10.6**. Para el Hombre Papaya, sin embargo, tal cuadrícula no sólo sería inútil sino incomprensible. En la mitad inferior de la **Figura 10.6** se ve una cuadrícula curvada mucho más adecuada.

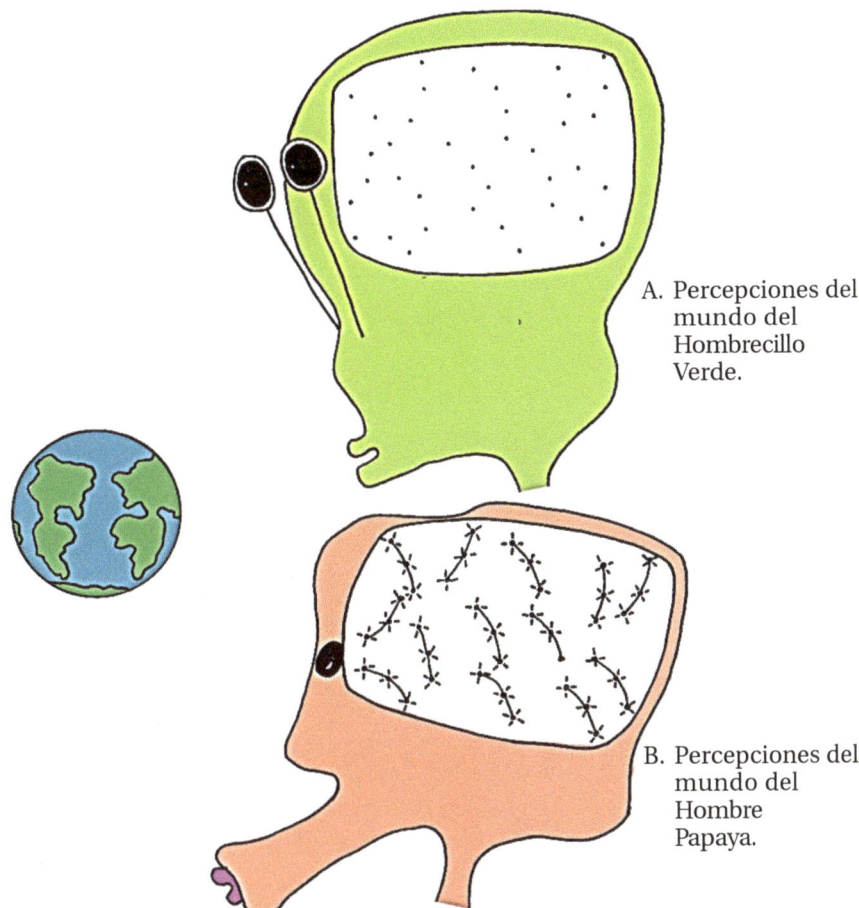

A. Percepciones del mundo del Hombrecillo Verde.

B. Percepciones del mundo del Hombre Papaya.

Figura 10.5. Ilustración por Nicole Ankeny.

Es muy posible, por supuesto, que en términos de rendimiento ninguno sea superior al otro. Eso significa que no hay que preferir ninguno de los dos marcos neurobiológicos. Y, por supuesto, sus percepciones y los mecanismos intelectuales que surjan de ellas (en el sentido de que las nuevas estructuras filogenéticas se construirán, por así decirlo, en torno a ellas) serán relativos a dichos marcos. Así pues, las percepciones y los modos de pensamiento no sólo son relativos, sino que en este ejemplo concreto vemos que se excluyen mutuamente: Desarrollar un tipo de cerebro (y por tanto un modo particular de interactuar con el mundo) es descartar el desarrollo del otro tipo de cerebro (y por tanto ese modo particular de interactuar con el mundo). Los productos (por ejemplo, la percepción, la inteligencia, las categorías conceptuales) de diferentes marcos neurobiológicos pueden ser complementarios en el sentido de Bohr. En este ejemplo concreto, los dos marcos lo son.

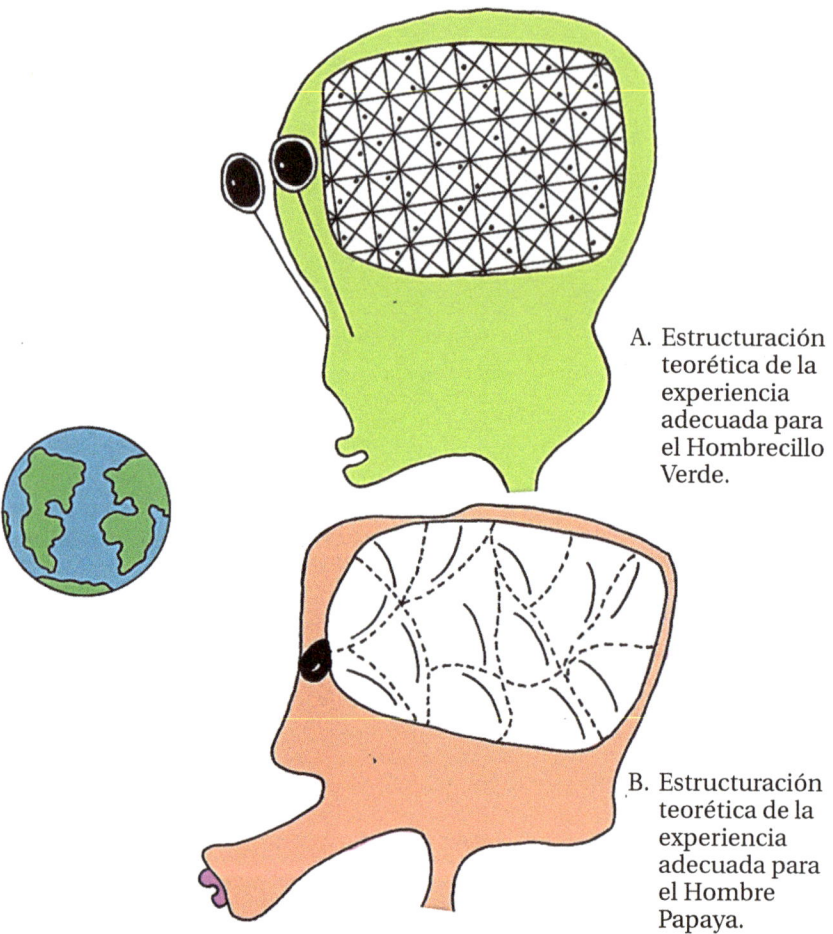

A. Estructuración teorética de la experiencia adecuada para el Hombrecillo Verde.

B. Estructuración teorética de la experiencia adecuada para el Hombre Papaya.

Figura 10.6. Ilustración de Nicole Ankeny.

¿No existe entonces la verdad? O al menos, ¿no existe la verdad como correspondencia? Creo que sigue siendo útil pensar en la verdad, aunque en una verdad relativa, como he explicado en otros trabajos (1998). Ofreceré un breve esbozo con ayuda de las **Figuras 10.7** y **10.8**.

En las comparaciones hipotéticas del murciélago entre marcos de referencia, cuando dos marcos conducían a niveles similares de rendimiento, le parecía arbitrario hacer de cualquiera de ellos un marco preferido o absoluto. Esto indica que la noción de rendimiento puede vincularse fructíferamente a la noción de comprensión, en particular a la de comprensión científica. Tal conexión entre rendimiento y comprensión sugiere una teoría biológica de la verdad relativa. Presentaré esa teoría mediante una ilustración.

Supongamos que cuando percibo un mango, lo veo de color rojo dorado, lo saboreo jugoso y delicioso y lo encuentro lo suficientemente bello como para convertirlo en el tema de un cuadro de naturaleza muerta. Las percepciones exitosas del mango me llevan a suponer que me sirven mejor para ocuparme de esa parte del mundo (el mango). Imaginemos ahora que seres de un tipo muy distinto tienen percepciones del mango diferentes de las mías, aunque igual de exitosas que las mías. Al conocer las percepciones de estos seres, ¿debo dejar de confiar en mi percepción del mango? ¿Debo sustituirla por las percepciones que tienen esos seres? La respuesta en ambos casos es "no". Pues ya he dicho que ésta es la mejor forma en que puedo percibir esa parte del mundo. Por lo tanto, conocer las percepciones de los otros seres me llevaría a concluir que no percibo "la forma en que realmente es el mango", simplemente porque hacerlo me exigiría reivindicar mi marco de referencia como el preferido, y eso sería arbitrario. No obstante, esta conclusión no me obliga a cambiar mis percepciones del mango, que al fin y al cabo son las mejores que puedo tener.

En este ejemplo, mis percepciones explotan mejor los recursos de mi genotipo (o mejor dicho, del genotipo de los seres como yo) para enfrentarse a un entorno típico. Cuando el rendimiento resultante es tan satisfactorio como en el caso de las percepciones ideales del mango, tendemos a pensar que el mundo debe ser tal y como lo percibimos. Es entonces cuando nos sentimos con derecho a hablar de representaciones verdaderas. Nuestra charla sobre la verdad está entonces justificada por la interacción satisfactoria con el mundo, dado nuestro marco de referencia. El hombrecito verde, sin embargo, también puede tener interacciones exitosas con el mango, pero como su marco de referencia es drásticamente diferente del nuestro, sus percepciones también serán diferentes (**Figura 10.7**). No obstante, ese éxito le dará el mismo derecho a hablar de la verdad.

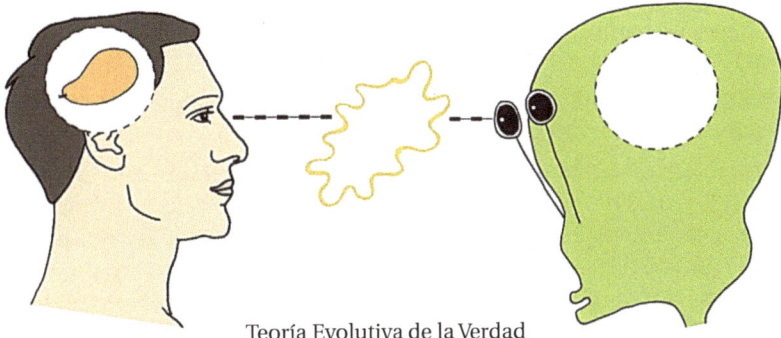

Teoría Evolutiva de la Verdad

Figura 10.7. Tanto el humano como el LGM de Andrómeda perciben el mango de forma diferente, pero sus percepciones son igualmente acertadas. Por tanto, no puede decirse que ninguno de los dos capte la forma en que el mango "es realmente." Ilustración de Nicole Ankeny.

Por supuesto, en nuestras conceptualizaciones del mundo—e.g., en nuestras visiones científicas— rara vez, o nunca, alcanzamos el nivel de suficiencia o satisfacción que se da en el caso del mango. Pero cuando nos acercamos a ella hablamos de la verdad. La ciencia humana es, en última instancia, una variedad del comportamiento humano, y el comportamiento humano forma parte del fenotipo humano. Aunque, al menos en el caso de los humanos, deberíamos hablar de fenotipos, ya que la plasticidad del comportamiento humano es tal que puede haber muchas expresiones del genotipo incluso en el mismo entorno. También me parece que algunas expresiones fenotípicas explotan mejor los recursos de nuestro genotipo en un entorno determinado. Del mismo modo, algunos puntos de vista científicos (con su compleja maquinaria de prácticas, procedimientos experimentales, etc.) nos permiten explotar mejor los recursos de nuestro genotipo en un entorno determinado (por ejemplo, al abordar la dinámica de los cuerpos). En otras palabras, algunos puntos de vista nos permiten aprovechar mejor nuestro potencial de rendimiento. En este contexto biológico, se dice que un punto de vista es relativamente verdadero cuando se acerca a los límites de los recursos del genotipo. Cuando una teoría nos permite tratar con el mundo de una gran variedad de maneras, cuando pensar que el mundo concuerda con la teoría nos conduce a un éxito continuado, cuando esta capacidad de rendimiento supera claramente a la de sus competidores, entonces llegamos a pensar que el mundo debe ser así. Y en un dominio limitado puede que no seamos capaces de conceptualizar el mundo mejor. Conceptualizamos el mundo tan poderosamente como en el ejemplo anterior percibimos el mango. Es entonces cuando podemos hablar de verdad.

Este relato explica por qué puede merecer la pena hacer distinciones entre verdadero y no verdadero. En mi relato diríamos que un punto de vista es verdadero porque la interacción (con el mundo) que resulta es de gran calidad (o lo parece) y muy superior a sus alternativas. Esto no quiere decir que hayamos llegado por fin a la forma en que son realmente las cosas, sino simplemente que nuestra "imagen" del mundo se aproxima al nivel de calidad ejemplificado anteriormente por nuestra percepción del mango. Sin embargo, esta "imagen", al igual que esa percepción, es relativa a un marco de referencia y, por tanto, la verdad implicada es una verdad relativa.

Muchos realistas han intentado explicar el éxito de la ciencia en términos de verdad. Un punto de vista tenía éxito porque era verdadero o porque se acercaba a la verdad. Mi explicación de la verdad relativa da la vuelta a la tortilla. La verdad relativa (o la aparente verdad absoluta) de un punto de vista depende de su éxito, no al revés. Ciertos puntos de vista nos sujetan con fuerza porque permiten una interacción fuerte y exitosa con el mundo. Sugiero que es ese agarre en esas condiciones de interacción exitosa lo que parece tener un carácter especial – tal carácter es lo que los filósofos han estado tratando de explicar con las teorías de correspondencia de la verdad.

Conviene hacer algunas salvedades. Pocos puntos de vista tienen tanto éxito como para ser aceptados sobre la base de un historial claramente superior. Se aceptan porque en unos pocos casos se considera que el éxito alcanzado es tan sorprendente que muchos miembros de la disciplina consideran que la forma de hacer las cosas es extremadamente prometedora. Es decir, se aceptan sobre la base de una promesa de rendimiento más que de un rendimiento total. Después de que un grupo adopta una forma de pensar sobre el mundo y la elabora hasta el punto de que su rendimiento empieza a acercarse al límite del potencial del genotipo en los entornos pertinentes, entonces su verdad parece "evidente" para todos los implicados. También hay casos en los que ese límite no se aproxima, pero los científicos comprometidos con el punto de vista son incapaces de pensar en el mundo de otra manera, por lo que siguen sintiendo que la verdad debe encontrarse en algún punto del camino que han emprendido.

Además, hay casos en los que un punto de vista, de haberse desarrollado, habría explotado mejor los recursos del genotipo; y así, años después sentimos que se ha perdido una oportunidad. Y supongo que hay casos en los que la superioridad de un punto de vista pasa desapercibida. Todas las cosas sensatas que los filósofos querían transmitir con las antiguas nociones de correspondencia pueden transmitirse con esta noción relativista y evolutiva.

Es en este sentido que acepto la verdad de la teoría evolutiva, la neurociencia y otros puntos de vista científicos con los que simpatizo como verdades relativas. Para los seres extraterrestres de otros lugares, comprometidos en modos completamente diferentes de interacción con el universo, el pensamiento evolutivo, digamos, de cualquier tipo parecido al nuestro podría no tener sentido dentro de los límites de su equipo conceptual. Pero para seres como nosotros sí lo tiene. O eso creo yo. Diría cosas similares sobre la verdad de mi posición filosófica, si se me pidiera que lo hiciera; y aduciría como pruebas precisamente los argumentos evolutivos y otros argumentos científicos que he proporcionado hasta ahora.

La noción de verdad ideal implícita en este relativismo evolutivo tiene algunos rasgos en común con la verdad ideal de un pragmatista (la aproximación a un límite). Pero difieren en que en el relato evolutivo el límite bien puede ser un horizonte que se aleja. Hay varias razones para ello. La explotación de los recursos del genotipo depende del entorno, o entornos, implicados en la interacción. Sin embargo, el entorno no es estático: puede simplemente cambiar, en cuyo caso los fenotipos que antes podían ser bastante adecuados pueden ahora ser desafiados con éxito por un enfoque diferente más en consonancia con las nuevas circunstancias. El entorno relevante también puede cambiar como resultado de la interacción con un fenotipo exitoso. Es decir, el entorno puede transformarse. Además, el éxito en un entorno puede llevar a los organismos en cuestión a aventurarse en otros entornos que ofrecerán retos de otro tipo. Y por último, la afluencia de nuevas ideas cambia las condiciones de interacción con el universo; y ese cambio de condiciones abre la puerta a enfoques diferentes.

Estas consideraciones hacen que el ideal relativista de la verdad sea cambiante. Quizá ahora podamos entender por qué los científicos sienten tan a menudo que están más o menos en posesión de la verdad, al tiempo que permiten que otros que tuvieron sentimientos similares en el pasado estuvieran "equivocados", e incluso que otros en el futuro puedan sentir lo mismo respecto a ideas que ahora nos parecen perfectamente obvias. A veces, podemos acercarnos a la verdad con respecto a un entorno determinado, del mismo modo que algunas especies pueden acercarse al equilibrio con un entorno determinado: pero a medida que cambien las condiciones, otras ideas serán más apropiadas y, por tanto, consideradas verdaderas. La **Figura 10.8**, por tanto, ilustra la diferencia entre la noción tradicional de la verdad como correspondencia – nuestra mente capta de algún modo aproximadamente cómo es el mundo en realidad – y esta teoría de la verdad relativa nacida de un enfoque evolutivo de la inteligencia.

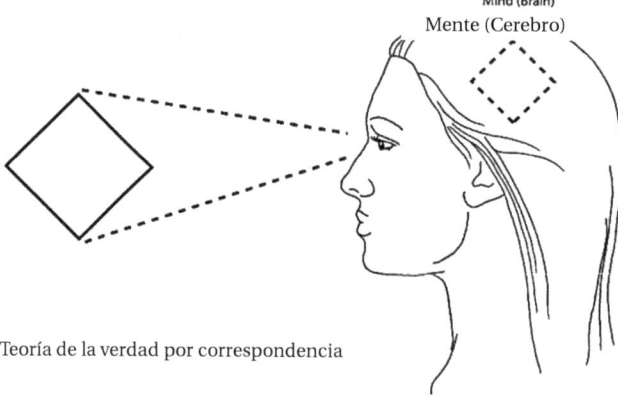

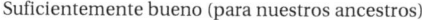

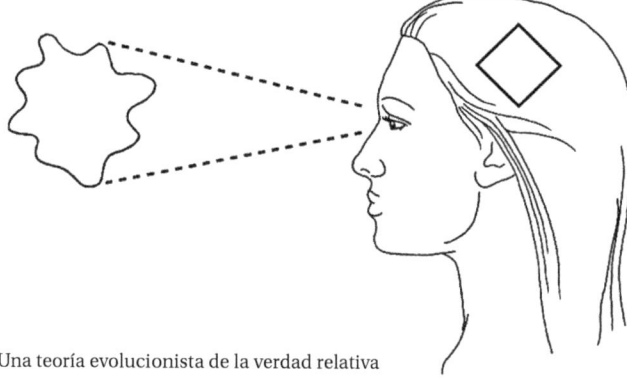

Figura 10.8. Ilustración de Nicole Ankeny.

LA CIENCIA COMO CONOCIMIENTO RADICAL

Tratar la ciencia como un comportamiento humano, es decir, como parte del fenotipo humano, nos permite poner en perspectiva la cuestión de su racionalidad, como vimos en el capítulo 8. Organismos tan simples como las bacterias pueden cambiar radicalmente su comportamiento a medida que cambia su entorno, por ejemplo, de ser empobrecido a ser rico en nutrientes (de depredar a sus competidores a evitarlos en cambio). El segundo fenotipo no "se sigue" del primero de forma lógica o racional. El organismo simplemente experimenta un cambio radical de postura ante el entorno.

Del mismo modo, nuestros puntos de vista científicos en un momento dado no tienen por qué ser continuos con los que los sustituyen, aunque en algunos casos puede haber bastante continuidad. Una nueva idea radical (por ejemplo, cambiar el conjunto de hechos físicos, como hizo Galileo) puede abrir el camino a una forma mucho más adecuada de enfocar nuestro mundo (entorno). No menos que en el caso de las bacterias, como hemos visto, la racionalidad de la ciencia no debe estar ligada a la continuidad lógica, teórica o empírica de su contenido.

Ya hemos tratado en los capítulos anteriores algunas de las valiosas aportaciones de Kuhn a los temas tratados en este libro. Su principal desacuerdo con Feyerabend se refería a la insistencia de este último en la proliferación de teorías y en el papel que dicha proliferación desempeña en los cambios radicales de la ciencia que propician el progreso (según juzguen las generaciones futuras). En ese punto, los argumentos de Galileo dejan claro a qué bando favorece la historia. Cuando se consideran puntos de vista alternativos, se cambian los supuestos teóricos y, como resultado, también cambia lo que cuenta como prueba. Señala todo lo que Feyerabend desarrolló *en Contra el Método* y en la mayor parte de su obra posterior. Admiro mucho la aguda perspicacia de Feyerabend y su hábil uso de la historia de la ciencia para ayudarnos a comprender cómo enfocar la búsqueda de la ciencia. Sin embargo, me ha parecido que sus percepciones deben complementarse observando la ciencia a través de la neurociencia en el contexto de la biología evolutiva.

Un trabajo adecuado requería demostrar, como hice en el capítulo 8, que la biología evolutiva socava la analogía entre la "evolución" de las ideas científicas y la evolución de las especies, y que en la medida en que la biología evolutiva nos aporta conocimientos sobre el cerebro y la naturaleza de la ciencia, también socava el realismo científico y, en consecuencia, el apoyo que algunos esperaban que proporcionara a la noción del crecimiento gradual o continuo de la ciencia. En el proceso, he reunido muchos recursos de la biología, en particular sobre la percepción y la inteligencia, para apoyar el relativismo evolutivo; he tratado las objeciones más importantes al relativismo; y, por último, he proporcionado una teoría de la verdad relativa con base biológica. Confío en que estas propuestas vayan más allá de los conocidos argumentos de la filosofía historicista postkuhniana de la ciencia. Espero que el lector las encuentre dignas de consideración.

El "Conocimiento Radical" no es una mera tesis "teórica" dentro de la filosofía de la ciencia. Pretende ser más bien una descripción tanto de la historia de la ciencia como del tipo de actividad que deberíamos esperar de una extensión social de la inteligencia a la exploración de la naturaleza. El conocimiento resultante no es "radical" meramente en un sentido abstracto o teórico. Al contrario, como vimos con Galileo y Prout, no sólo describe cambios teóricos en la ciencia, sino cambios del conjunto de los hechos. Las rocas no caen verticalmente desde las torres, aunque nuestros ojos nos digan que sí. Caen con un movimiento parabólico. Pensar en la ciencia como "Conocimiento Radical" reconoce que pueden producirse cambios muy drásticos en cualquier nivel de nuestra empresa científica y que perseguirlos puede dar lugar al progreso científico. Este "Conocimiento Radical" también genera e impulsa el sentido de asombro que nos inspira la naturaleza cuando nos dedicamos a la ciencia.

REFERENCIAS

Einstein, A. (1982). *Albert Einstein: Philosopher Scientist;* Schilpp, P., ed. Open Court.

Feyerabend, P. (1999). *Conquest of Abundance: A Tale of Abstractness versus the Richness of Being.* University of Chicago Press.

Hooker, C. A., (1991). "Between Formalism and Anarchism: A Reasonable Middle Way." En Munévar, G. ed. *Beyond Reason: Essays on the Philosophy of Paul Feyerabend.* Kluwer.

Hughes, H. C. (1999). *Sensory Exotica.* MIT Press.

Marcus, G. (2004). *The Birth of the Mind.* Basic Civitas Books.

Munévar, G. (1981). *Radical Knowledge.* Hackett.

Munévar, G. (1998). *Evolution and the Naked Truth.* Ashgate.

Munévar, G. (2020) "A Cellular and Attentional Network Explanation of Consciousness." *Consciousness and Cognition* 83.

Tuomela, R. *Science, Action and Reality;* Reidel: Dordrecht, Holland, 1985.

Whitford, T.J., Ford, J.M., Mathalon, D.H., Kubicki, M., y Shenton, M.E. (2012). Schizophrenia, Myelination, and Delayed Corollary Discharges: A Hypothesis. *Schizophrenia Bulletin* vol. 38 no. 3 pp. 486–494. doi:10.1093/schbul/sbq105

APÉNDICE:
EL DESTINO DE LA LÓGICA INDUCTIVA

La creencia en la inducción muere con fuerza. Durante las décadas centrales del siglo XX, Rudolf Carnap y otros inductivistas destacados intentaron varias maniobras salvadoras. Una bastante popular fue argumentar que podemos obtener el "grado de confirmación" o de "apoyo racional" de una teoría a partir de la fiabilidad de la teoría a la hora de hacer predicciones. Cuanto más fiable es una teoría (cuanto mejor es su historial) más seguros estamos de que su próxima predicción se hará realidad. En el caso de una ley, cuanto más fiable sea, más confianza tendremos en que su próxima instancia se ajustará a la experiencia pasada. Y de alguna manera, la fiabilidad de una teoría viene indicada precisamente por nuestra confianza en ella (es decir, por la confianza que tienen en ella los expertos). Esta confianza puede expresarse por el grado en que estamos dispuestos a apostar a favor de la teoría (o de la ley). Puede que no sepamos si el sol saldrá siempre, pero podemos apostar con seguridad a que saldrá mañana.

Ahora sólo tenemos que recordar que el cálculo de probabilidades se desarrolló precisamente para cobrar nuestra intuición sobre las apuestas en términos matemáticos. Así, una vez que hemos determinado una escala de clasificación para apostar por diferentes teorías ("cociente de apuestas"), podemos expresar esa clasificación en términos de probabilidad. Así, esta estimación de la probabilidad representará un cociente de apuestas numérico, que a su vez expresará nuestro grado de confianza en la teoría. La esperanza es que partiendo del historial de la teoría podamos llegar a una estimación de la probabilidad de cada predicción individual que hace. Y esa estimación de la probabilidad, que resulta de la fiabilidad de la teoría, es el grado de confirmación de la teoría. Esta es una forma en la que podríamos producir una lógica de la confirmación, o lógica inductiva, en la línea del cálculo de probabilidades.

Ésta no es la única forma posible de dar lugar a una lógica de la confirmación. Pero muchos intentos de este tipo tienen que establecer relaciones similares entre las nociones de confirmación, fiabilidad, etcétera. Por desgracia, como argumentó el filósofo húngaro Imre Lakatos, ese tipo de relaciones son sospechosas. "Grado de confirmación", por ejemplo, significa normalmente el grado en que se ha demostrado que la teoría es verdadera o correcta. Pero entonces el grado de confirmación de una teoría puede ser incompatible con su grado de fiabilidad. Como señala Lakatos, el grado de fiabilidad de la hipótesis de que todos los lanzamientos de una moneda saldrán cara es del 50%, pero su grado de confirmación debe ser cero, ya que es obviamente falsa.

Llegados a este punto, quizá sea necesario actuar a la desesperada. Quizá debamos renunciar a la verdad o probabilidad de las leyes y teorías. No piense en las teorías como verdaderas descripciones del mundo, sino como meros instrumentos de predicción. Como escribió el poeta Robinson Jeffers: "Los matemáticos y los físicos tienen su mitología; trabajan junto a la verdad, sin tocarla nunca; sus ecuaciones son falsas pero las cosas *funcionan.*"

Probemos entonces la siguiente sugerencia: Olvídese de la confirmación. Identifiquemos simplemente el grado de apoyo racional a una teoría con su grado de fiabilidad. Pero esta sugerencia se tambalea precisamente por la presunta conexión entre fiabilidad y probabilidad. El problema es que cuanto más completa sea una teoría, más racional sería apoyarla. Pero ya hemos visto que cuanto más exhaustiva es una teoría, menor es su probabilidad. Así, mientras que la fiabilidad y la probabilidad van de la mano, el grado de apoyo racional y la probabilidad parecen ser inversamente proporcionales. ¿Cómo pueden equipararse entonces la fiabilidad y el grado de apoyo racional?

Sin embargo, ¿no se puede salvar la sugerencia? ¿Por qué no podríamos decir que cuanto más completa es una teoría, más confianza tenemos en ella y, por tanto, más dispuestos estamos a apostar por sus predicciones (mayores son las probabilidades que les asignamos)? Esto equivale a resolver el problema por decreto, pero tiene cierto mérito. La clave aquí parece ser el uso de las llamadas probabilidades subjetivas como base de nuestra lógica inductiva. Simplemente tengamos en cuenta todos los factores que influyen en nuestra confianza en una determinada teoría, aunque algunos de ellos no sean explícitos. Por supuesto, el "nosotros" en este caso no puede ser cualquiera que desee emitir una opinión sobre la valía de una teoría: tales juicios quizá deberían limitarse a los científicos que ya son expertos en la materia y que están en condiciones de hacer conjeturas fundamentadas al respecto. La estimación definitiva de la probabilidad debe ser entonces, de alguna manera, un compuesto de las estimaciones de probabilidad realizadas por muchos expertos.

A los inductivistas les puede parecer una línea de pensamiento encantadora. Pero está plagada de graves problemas. El problema más importante, para nuestras preocupaciones actuales, sigue siendo el problema original: una teoría exhaustiva hace muchas afirmaciones sobre el mundo. Esto es un problema porque cuantas más afirmaciones hace una teoría sobre el mundo, más arriesgada tiene que ser (elegir a los tres primeros caballos de una carrera, en el orden correcto, es una apuesta más arriesgada que elegir sólo al ganador); pero cuanto mayor es el riesgo, menor es la probabilidad. Ningún fiat inductivo puede rescatarnos aquí.

¿Cuál es entonces la situación de la lógica inductiva? Pensábamos que, en cierto sentido, confirmación = grado de apoyo racional = fiabilidad = probabilidad (mediante cocientes de apuestas). Pero tuvimos que abandonar la confirmación. Y ahora tenemos que abandonar el grado de apoyo racional. Sin esta conexión, la medida de fiabilidad que queda no parece tener mucho valor.

No obstante, algunos creen que el barco del inductivismo puede seguir a flote si estamos dispuestos a deshacernos aún más de nuestro bagaje intelectual. Primero, renunciamos a demostrar las teorías. Luego renunciamos a confirmarlas. ¿Qué nos queda? Podemos renunciar por completo a las teorías.

Pero, ¿cómo podríamos tener ciencia sin teorías? La propuesta radical, a veces favorecida por Carnap y otros, es cambiar el objetivo de la lógica inductiva de la valoración de teorías y leyes al de las predicciones particulares. Como dijo Frank Ramsey:

> ... podemos estar de acuerdo en que la generalización inductiva no tiene por qué tener una probabilidad finita, pero las expectativas particulares albergadas sobre bases inductivas tienen sin duda una alta probabilidad numérica en la mente de todos nosotros.... Si la inducción necesita alguna vez una justificación lógica es en relación con [tales probabilidades].[1]

Para sostener este inductivismo radical, debemos afirmar que las teorías no son estrictamente necesarias para la tarea de estimar la probabilidad de sucesos individuales. Pueden ser útiles para esa tarea, pero no necesarias. En la actualidad, por supuesto, sí necesitamos teorías; pero con el tiempo, cuando se desarrolle una lógica inductiva, podremos prescindir de ellas (y de las leyes) aunque aún podamos encontrarlas convenientes. Las teorías y las leyes serían entonces como unas pequeñas rimas que ayudan a los niños a recordar ciertas reglas de la gramática, aunque en principio podrían aprender las reglas sin las rimas.

Esto sí que es empirismo duro. Pero debemos recordar que el alma misma del empirismo se destetó con la sospecha de la especulación teórica. Así pues, no es sorprendente que un empirista sobrio como Carnap llegara a ver las cosas de esta manera. "... el uso de leyes no es indispensable para hacer predicciones", dice; aunque se cuida de añadir: "sin embargo es conveniente, por supuesto, enunciar leyes universales en los libros de física, biología, psicología, etc." (1945, 93).

---

[1] Consulte los *Philosophical Papers* (1990) de Ramsey para conocer su desarrollo de ésta y otras ideas sobre la inducción.

Sin embargo, aquí llegamos al final del camino para la lógica inductiva. Para estimar las probabilidades de los sucesos necesitamos saber qué es relevante para dichos sucesos, qué está relacionado causalmente con ellos, qué los provoca. Es decir, necesitamos alguna idea de cómo es la naturaleza. Y seguramente diferentes ideas sobre la naturaleza, es decir, diferentes teorías, darían respuestas diferentes a todas estas preguntas. Por lo tanto, diferentes teorías arrojarían diferentes estimaciones de probabilidad. Como dice Lakatos, "... en un lenguaje que separa los fenómenos celestes de los terrestres, los datos sobre proyectiles terrestres pueden parecer irrelevantes para las hipótesis sobre el movimiento planetario. En el lenguaje de la dinámica newtoniana se vuelven relevantes y cambian nuestros cocientes de apuestas para las predicciones planetarias" (1980, 152). Y, por supuesto, en cuanto intentamos determinar las mejores teorías, volvemos al punto de partida. El método inductivo aún no nos ha llevado a ninguna parte.

Más recientemente, los inductivistas han centrado su atención en la metodología bayesiana. Se trata de una versión de la probabilidad subjetiva que parece plausible, al menos a primera vista. Informalmente, la idea es algo así: Sea cual sea su grado inicial de confianza en una hipótesis (probabilidad inicial), a medida que empieza a probar la hipótesis también empieza a reevaluar su grado de confianza en ella. Cuando la prueba es positiva, su confianza aumenta. Cuando la prueba es negativa, su confianza disminuye. Tras pruebas continuas, a la larga llegará a asignar a la hipótesis un grado de confianza bastante cercano al que merece. La probabilidad inicial se desvanecerá en un gran número de pruebas.

Cuando yo era el equivalente sudamericano de un estudiante de segundo año en un instituto estadounidense, las clases de historia, anatomía y otras materias se calificaban según el siguiente sistema. El instructor hacía una pregunta al alumno sentado delante y más a su derecha. Si el alumno no sabía la respuesta, o dudaba, el instructor pasaba al alumno sentado justo detrás de él, y seguía subiendo por la columna de alumnos, y al principio de la siguiente columna si era necesario, hasta que alguien daba la respuesta correcta. Ese alumno se desplazaba entonces hasta el pupitre donde se había formulado originalmente la pregunta, y todos los alumnos que habían fallado retrocedían un pupitre. El interrogatorio se reanudaba en el punto en el que se había respondido a la pregunta. Yo solía sentarme al final de la última columna, pero como tenía buena memoria para el tipo de hechos sobre los que se preguntaba, nunca me preocupé, pues confiaba en que al final del mes estaría sentado justo delante del profesor. Después de cientos de preguntas, la posición inicial se desvanecería, por así decirlo. ¿Resolverá este enfoque el problema de la probabilidad inicial de hipótesis y teorías? ¿Llevará entonces a una auténtica lógica de la confirmación?

Veamos. Las teorías e hipótesis científicas son a menudo, si no siempre, universales. Eso conduce a dos tipos de problemas conocidos. El primer problema es que simplemente no sabemos cuánto dura el largo plazo, especialmente para una hipótesis universal. El segundo problema depende de la formulación real del teorema de Bayes, que se deriva de la definición de probabilidad condicional:

pr(h|e&b)=(pr(h|b)xpr(e|h&b))/pr(e|b)

donde h es la hipótesis, e son las pruebas y b son los conocimientos previos. Es de suponer que entonces podemos determinar numéricamente la probabilidad de una hipótesis a medida que las pruebas aumentan a su favor. Siendo la multiplicación lo que es, sin embargo, nótese que si la probabilidad inicial de una hipótesis (con respecto a los antecedentes) es 0, entonces no importará lo que haga e (ya que 0 multiplicado por cualquier otro valor sigue dando 0). Pero hemos visto que las hipótesis universales parecen tener una probabilidad de 0. Así que tenemos que suponer que la probabilidad inicial no es 0. Algunos observadores consideran que esa suposición es simplemente arbitraria.

Me parece, sin embargo, que los críticos confunden a veces universal e infinito. Las hipótesis universales son infinitas sólo si sus dominios son infinitos. Pero en el universo real, parece que el dominio de nuestras hipótesis científicas será extraordinariamente grande pero finito. Un dominio infinito arrojaría una probabilidad de 0. Un dominio muy grande, pero aún finito, arrojaría una probabilidad que se aproxima a 0 pero es mayor que 0. Así, dado un dominio extraordinariamente grande, el teorema de Bayes aún puede funcionar para justificar la inducción sin suposiciones arbitrarias (como lo hace en dominios limitados). Por supuesto, este movimiento nos sitúa de nuevo en el punto en el que debemos preguntarnos cuándo una racha larga es lo suficientemente larga.

Sin embargo, el inconveniente más significativo es que no disponemos de ninguna función matemática que nos permita determinar en qué medida una prueba debería aumentar o disminuir nuestro grado de confianza en la hipótesis en cuestión (o las estimaciones de probabilidad de cualquiera de los factores de la fórmula de Bayes). Y como hemos visto a lo largo de este libro, tales determinaciones dependen de una miríada de factores y pueden razonablemente arrojar resultados contradictorios para diferentes observadores. Incluso en este punto deberíamos darnos cuenta de que la esperanza de un cálculo inductivo sigue siendo una quimera. La metodología bayesiana es en el mejor de los casos una herramienta cualitativa de grandes limitaciones para la lógica inductiva, precisamente porque en las situaciones reales (ya sean de la vida o de la ciencia) no dispone de ningún sistema para asignar valores numéricos. Sólo puede hacerlo en escenarios artificiales y formales. Por supuesto, la estadística bayesiana puede ser una ayuda pragmática en diversos estudios científicos reales, como también pueden serlo otras estadísticas.

REFERENCIAS

Carnap, R. (1945). "On Inductive Logic." Philosophy of Science, Vol. 12, No. 2. University of Chicago Press.

Carnap, R. (1963). *The Philosophy of Rudolf Carnap*. Schilpp, A., ed., *The Library of Living Philosophers*. Cambridge University Press.

Lakatos, I (1980). "Changes in the Problem of Inductive Logic." En *Mathematics, Science and Epistemology*, Vol. 2. *Philosophical Papers*. Cambridge University Press.

Ramsey, F. (1990). *Philosophical Papers*. Cambridge University Press.

ÍNDICE